# 鄂东北地区露天非金属矿山生态修复关键技术研究与实践

E DONGBEI DIQU LUTIAN FEIJINSHU KUANGSHAN
SHENGTAI XIUFU GUANJIAN JISHU YANJIU YU SHIJIAN

邹 浩 陈金国 晏鄂川 等著

**图书在版编目(CIP)数据**

鄂东北地区露天非金属矿山生态修复关键技术研究与实践/邹浩等著. —武汉:中国地质大学出版社,2024.11. —ISBN 978-7-5625-6086-9

Ⅰ.X322.263

中国国家版本馆CIP数据核字第2025DG0716号

| 鄂东北地区露天非金属矿山生态 | | 邹 浩 陈金国 晏鄂川 等著 |
|---|---|---|
| 修复关键技术研究与实践 | | |

| 责任编辑:谢媛华 | 选题策划:江广长 段 勇 | 责任校对:何澍语 |
|---|---|---|
| 出版发行:中国地质大学出版社(武汉市洪山区鲁磨路388号) | | 邮编:430074 |
| 电　　话:(027)67883511 | 传　　真:(027)67883580 | E-mail:cbb@cug.edu.cn |
| 经　　销:全国新华书店 | | https://cugp.cug.edu.cn |
| 开本:880mm×1230mm　1/16 | 字数:270千字 | 印张:8.5 |
| 版次:2024年11月第1版 | 印次:2024年11月第1次印刷 | |
| 印刷:武汉中远印务有限公司 | | |
| ISBN 978-7-5625-6086-9 | | 定价:168.00元 |

如有印装质量问题请与印刷厂联系调换

# 《鄂东北地区露天非金属矿山生态修复关键技术研究与实践》

## 编撰委员会

主　任：孙祥民　夏　彦　饶水明
　　　　陈金国　晏鄂川
副主任：夏焰光　王　涛　邹　浩
　　　　丁　威　李　朋
编写组：邹　浩　王章琼　毛　帅
　　　　陈　兵　蔡恒昊　刘　婷
　　　　傅清心　王　超　冯　兵
　　　　穆景超　董考丽

# 前 言

鄂东北地区[本书主要指黄冈市域,现辖七县(红安、罗田、英山、浠水、蕲春、黄梅、团风)、二市(武穴、麻城)、五区(黄州区、龙感湖管理区、黄冈高新技术产业开发区、黄冈临空经济区、白莲河生态保护和绿色发展示范区)]位于湖北省东北部,地处大别山南麓与长江之间,东北部是大别山区主峰,西南临长江,形成山脉延伸入境、河湖水网交错的大生态景观格局。鄂东北地区地势自北向南逐渐倾斜,呈现山地—丘陵—岗地—平原的地形变化特征,处于国家"两屏三带"和湖北省"三江四屏千湖一平原"生态安全格局的关键位置。大别山是长江中游重要的水源涵养地和重要生态屏障,生态作用突出。

鄂东北地区非金属矿产资源丰富,区内饰面用花岗岩、水泥用灰岩、建筑石料为优势矿产,由于经济发展需要和受早期"有水快流"思想影响,在"重资源利用、轻环境保护"的粗放式矿产资源开发利用模式下,露天非金属矿山生态问题突出。早在 2013 年时,鄂东北地区露天非金属废弃矿山就逾千座,如一个个伤疤残留在秀美的大别山和母亲河长江之畔。矿山地质环境破坏、地形地貌破坏、土地损毁、水资源破坏、生态退化等问题严重制约了经济社会发展。其中,露天非金属废弃矿山数量多、修复任务重、开采后遗留的高陡硬质岩壁生态修复难度大等问题突出,成为鄂东北矿山生态修复必须直面的课题。

生态文明建设是关乎中华民族永续发展的根本大计。党的十八大以来,以习近平同志为核心的党中央以前所未有的力度抓生态文明建设。鄂东北地区各级党委和政府高度重视露天非金属废弃矿山生态修复,先后实施了"黄冈长江经济带生态保护雷霆行动""湖北长江干支流废弃露天矿山生态修复""黄冈市历史遗留矿山生态修复三年行动"等行动,持续对露天非金属废弃矿山进行整治,矿山生态环境得到明显改善。

矿山生态修复工作的实施,除了地方党委和政府主导推动外,从事矿山生态修复科技攻关和技术研究的各类组织机构也发挥了不可替代的作用,湖北省地质局第三地质大队(以下简称地质三大队)是其中重要的一员。地质三大队自 2014 年恢复建实以来,坚定不移地践行"绿水青山就是金山银山"的理念,积极投身鄂东北地区露天非金属废弃矿山生态修复工作,先后开展了矿山地质环境监测、矿山地质环境详细调查等公益性地质工作,提交的矿山地质环境监测年报为地方党委和政府科学决策提供了依据。同时,地质三大队协助地方政府申报中央和省级等财政资金近 1.5 亿元,实施矿山生态修复项目 120 多个,一大批露天非金属废弃矿山得到整治和修复。此外,地质三大队聚焦高陡岩壁生态修复等关键性技术,持续开展科技攻关,先后承担了多个厅局级科技项目,发表研究论文 10 余篇,牵头起草《露天非金属矿山生态修复治理技术规程》(DB 4211/T 29—2023),获得国家实用新型专利授权 1 项,登记软件专著权 1 项。

育"绿"10 年,风雨兼程,气象万千。经过 10 年的科技攻关和工程实践,一个个"伤疤"奇迹般地遁形无迹,昔日满目疮痍的矿山如今草木茂密,人与自然和谐共生成为当下现实,彰显了"两山"理论的实践伟力。成绩的取得来之不易,这是湖北省自然资源厅、湖北省地质局和黄冈市委、市政府坚强领导的结果,是黄冈市自然资源和城乡建设局与地质三大队携手同行干出来的,是每一个热衷于生态保护修复工作的守护者奋斗出来的。

10年征程漫漫,10年大道如砥。10年的矿山生态保护修复工作中,地质三大队积累了丰富的素材和系列科技攻关成果,在此基础上,笔者组织参与相关工作的专家、技术人员对成果进行整理汇编,最终形成本书,以期为后续鄂东北地区露天非金属废弃矿山以及其他地区同类型矿山的生态修复提供参考和借鉴。同时,2024年也是地质三大队恢复建实10周年,期待以本书付梓为之献礼。

限于作者水平,书中不足之处在所难免,敬请读者批评指正,以便进一步修改。

邹 浩

2024年8月

# 目 录

1 概　述 … (1)
　1.1 露天非金属矿山生态修复相关概念 … (1)
　1.2 矿山生态修复相关政策 … (2)
　1.3 矿山生态修复相关规范 … (4)
　1.4 国内外露天非金属矿山生态修复基本情况 … (5)
　1.5 本章小结 … (23)

2 研究区概况 … (24)
　2.1 自然地理与地质环境条件 … (24)
　2.2 矿产资源及矿山分布特征 … (37)
　2.3 露天非金属矿山开采情况 … (52)
　2.4 露天非金属矿山生态修复工作 … (54)
　2.5 本章小结 … (55)

3 矿山生态环境问题 … (56)
　3.1 地质环境破坏 … (56)
　3.2 地形地貌破坏 … (59)
　3.3 土地损毁 … (59)
　3.4 水资源破坏 … (62)
　3.5 生态退化 … (62)
　3.6 本章小结 … (63)

4 矿山生态修复关键技术 … (64)
　4.1 矿山生态修复普适性技术 … (64)
　4.2 矿山生态修复难点 … (72)
　4.3 矿山生态修复科技攻关 … (74)
　4.4 矿山生态修复技术体系 … (95)
　4.5 本章小结 … (97)

5 工程实例 … (98)
　5.1 英山县田家岩(乐家冲)矿区饰面用角闪岩矿山生态修复工程 … (98)
　5.2 蕲春县陈从金采石场饰面用花岗岩矿山生态修复工程 … (105)
　5.3 武穴市烈马山矿区石灰岩矿山生态修复工程 … (113)
　5.4 本章小结 … (120)

6 建议及展望 … (121)
　6.1 未来工作的建议 … (121)
　6.2 发展方向与趋势展望 … (122)

主要参考文献 … (124)

# 1 概　述

## 1.1 露天非金属矿山生态修复相关概念

### 1.1.1 矿山生态环境问题

矿山生态环境问题是指矿业活动作用于生态环境所产生的环境污染和环境破坏,导致生态平衡遭到破坏,生态系统的结构和功能严重失调,从而威胁到人类生存和发展的现象,主要包括地质环境破坏、地形地貌破坏、土地损毁、水资源破坏和生态退化等。

### 1.1.2 矿山生态修复

当前,国内外相关领域专家学者对"生态修复"概念的定义尚未统一,国际上通用的名称是"ecological restoration",国内使用以"生态修复""生态重建"和"生态恢复"3种为主的多种名称。国内学者对上述3个概念进行了详细的界定,认为"生态修复"强调人工措施和自然恢复两者相结合,因地制宜采取治理措施;"生态重建"强调对严重破坏后的生态系统采取人工措施重建稳定的生态系统;"生态恢复"强调受损生态系统的自我恢复作用。上述3个概念虽有差别,但最终目的都是将已被破坏的生态系统变为一种健康、平衡运转的生态系统。

矿山生态修复指依靠自然力量或通过人工措施干预,对因矿产资源开采活动造成的地质安全隐患、土地损毁和植被破坏等矿山生态问题进行修复,使矿山地质环境达到稳定,损毁土地得到复垦利用,生态系统功能得到恢复和改善,包括但不限于土地修复、水资源保护、植被恢复、生物多样性保护等工作。

### 1.1.3 露天非金属矿山

非金属矿指所有可供提取的不具备金属特性的化学元素、化合物或可直接利用的岩石和矿物,作为建材、陶瓷、电工、纺织、肥料等多个工业部门的重要原料来源,在经济社会发展中具有举足轻重的作用。

露天矿山是指在地表开挖区通过剥离围岩、表土或砾石采出矿物的采矿场及其附属设施。根据矿床埋藏条件和地形条件,露天矿山分为山坡露天矿山和凹陷露天矿山。露天矿山在开采过程中,必须将区内的矿、岩划分成一定厚度的水平分层,以便由上向下逐层进行开采,这些阶梯状的工作面称为台阶。每个台阶大多使用独立的穿孔和采掘设备,台阶高度一般为 10~14m。

鄂东北地区矿产资源丰富,以脉石英、大理岩、花岗岩、灰岩等非金属矿为主,经过几十年的开采,目前已形成近千座规模不等的矿山。矿山开采活动导致了严重的生态环境破坏,生态修复工作量大,任务艰巨。

## 1.2 矿山生态修复相关政策

### 1.2.1 国外相关政策

近年来,世界各国对生态环境日益重视,纷纷开始注重矿山的修复工程,加大矿区的生态建设力度,矿山生态修复已经成为热点之一。矿山生态修复事关生态环境保护和社会经济可持续发展,对实现环境保护与经济双赢、促进社会可持续发展有重大意义,需要相关政策、制度的保障与监督。以下介绍几个矿业大国的矿山生态修复相关政策。

#### 1.2.1.1 加拿大

加拿大是联邦制国家,联邦政府没有专门的矿业法,与矿业活动有关的法律主要有《领土土地法》和《公共土地授权法》,这些法律通常要求经营者必须提交矿山复垦计划,包括矿山闭坑阶段将要采取的恢复治理措施和步骤。加拿大法律强调矿区恢复工作贯穿矿山生产的所有阶段。在矿山开采前,必须对当时的生态环境状况进行研究并取样,获得数据并作为采矿过程中以及采矿结束后复垦的参照;在矿区勘查阶段,管理部门也要正确引导,尽可能地减少这些活动对土地、水、植被、野生动物的影响;在采矿权申请阶段,矿山企业必须同时提供矿区环境评估报告和矿山闭坑复垦环境恢复方案。

为保证复垦方案得以落实,加拿大部分省份法律规定矿山企业从取得第一笔矿产品销售款开始,就要提取复垦基金(或保证金)。对于保证金缴纳方式不同的省份有不同的规定,有的可直接交给政府,有的交给保险公司或存进银行。

#### 1.2.1.2 澳大利亚

澳大利亚与土地复垦有关的法律主要包括《采矿法》《原住民土地权法》《环境保护法》和《环境和生物多样性保护法》等。政府要求矿山开采或开发前必须进行环境影响评价,编制详尽的复垦方案。企业提交的环境管理方案以土地复垦为主,包括水资源管理、土地复垦管理和污染防治。矿山企业在开矿前,要依法编制矿山环境保护和闭矿规划,申请环境许可证。取得许可证意味着企业接受了环境保护和土地复垦的"终身责任",这种责任期限可能延续到采矿闭坑后的几十年,甚至更长时间。随着矿业权的转移,责任也随之转移。

澳大利亚实行土地复垦保证金制度,保证金缴纳面积为每年扩大开采的面积,并将已复垦面积按比例抵消破坏的土地面积作为奖励。政府将矿山企业与土地所有者的谈判环节作为颁发采矿权证的一个必要条件。土地权益的相关方和矿山企业共同决策复垦后土地的利用方向、复垦土地质量的检测指标和评价标准等。土地复垦全程都在公众的监督之下,矿山企业随时可能因为土地复垦和环境保护等方面问题遭到公众起诉及政府处罚。

#### 1.2.1.3 美国

美国西弗吉尼亚州于1939年颁布了第一部《复垦法案》。后来,美国其他一些州政府也纷纷效仿。到1975年,美国有38个州制定了本州的土地复垦法规,其他各州也有自己土地复垦的相应规定,但各州的规定不尽一致。针对矿山土地复垦，美国1977年出台了《露天开采治理与复垦法案》。《露天开采治理与复垦法案》以法律的形式规定并建立了统一的露天矿管理和复垦标准，对新破坏土地实行边开采边复垦的政策，同时要求对复垦以前废弃的土地进行治理。

《露天开采治理与复垦法案》规定，采矿者在采矿前应对矿山的各种自然环境情况作详细调查，并在此基础上提交开采计划，介绍要用的采矿方法和设备，并在地图上标明将受采矿影响的地区范围。除此之外，要得到管理部门许可，还必须提交与采矿同时进行的土地复垦计划，并缴纳复垦保证金。

上述3个国家相关政策的共同点是对矿山的生态修复极其重视，要求采矿者必须同时提交开采计划与恢复计划，得到许可证后才能进行开采，且需要缴纳保证金，以此加大对企业的约束，确保矿山开采与土地修复工作协调统一开展。

## 1.2.2 国内相关政策

20世纪50年代，我国开始开展露天矿山生态修复研究，但对露天矿山生态修复重视程度较低，技术水平还有待提高。随着我国矿区生态问题不断加重，深入研究矿区生态修复治理的相关政策并颁布实施已刻不容缓。1989年，国家正式实施《土地复垦规定》和《中华人民共和国环境保护法》。2013年环境保护部发布了《矿山生态环境保护与恢复治理技术规范(试行)》(HJ 651—2013)，规范矿产资源开发过程中的生态环境保护与恢复治理工作。2016年，国土资源部等5个部门联合发布《关于加强矿山地质环境恢复和综合治理的指导意见》，明确了加强矿山地质环境恢复和综合治理的总体要求、主要任务和保障措施。2019年，自然资源部印发《关于探索利用市场化方式推进废弃矿山生态修复的实施意见》，明确激励政策，吸引社会资金投入，推行市场化运作、科学化治理的模式，加快推进矿山生态修复。

近年来，为推动矿山生态修复法规制度的不断完善，我国发布了一系列行业政策(表1-1、表1-2)。如2023年，中共中央办公厅、国务院办公厅发布的《关于进一步加强矿山安全生产工作的意见》，着眼于解决矿山安全生产工作中当前的突出问题，从根本上消除事故隐患、从根本上解决问题，提出一系列加强和改进的重大任务与重要举措，对进一步推动我国矿山安全治理模式向事前预防转型、确保矿山安全高质量发展具有十分重要的作用。

表1-1 近年来我国出台的矿山生态修复行业相关政策

| 发布时间 | 发布部门 | 政策名称 |
| --- | --- | --- |
| 1989年1月 | 国务院 | 《土地复垦规定》 |
| 2010年8月 | 国土资源部 | 《关于贯彻落实全国矿产资源规划发展绿色矿业建设绿色矿山工作的指导意见》 |
| 2011年3月 | 国务院 | 《土地复垦条例》 |
| 2016年9月 | 财政部、国土资源部、环境保护部 | 《关于推进山水林田湖生态保护修复工作的通知》 |
| 2017年3月 | 国土资源部等六部委 | 《关于加快建设绿色矿山的实施意见》 |
| 2019年4月 | 自然资源部 | 《关于开展长江经济带废弃露天矿山生态修复工作的通知》 |
| 2019年5月 | 自然资源部、生态环境部 | 《关于加快推进露天矿山综合整治工作实施意见的函》 |
| 2020年6月 | 国家发展和改革委员会、自然资源部 | 《全国重要生态系统保护和修复重大工程总体规划(2021—2035年)》 |

续表 1-1

| 发布时间 | 发布部门 | 政策名称 |
|---|---|---|
| 2021 年 3 月 | 全国人民代表大会 | 《中华人民共和国国民经济和社会发展第十四个五年规划和 2035 年远景目标纲要》 |
| 2021 年 10 月 | 国务院办公厅 | 《关于鼓励和支持社会资本参与生态保护修复的意见》 |
| 2022 年 12 月 | 中共中央、国务院 | 《扩大内需战略规划纲要(2022—2035 年)》 |
| 2023 年 9 月 | 中共中央办公厅、国务院办公厅 | 《关于进一步加强矿山安全生产工作的意见》 |

表 1-2　我国部分省市矿山生态修复行业相关政策

| 发布时间 | 省市 | 政策名称 |
|---|---|---|
| 2017 年 12 月 | 广东省 | 《广东省绿色矿山建设工作方案》 |
| 2022 年 3 月 | 河北省 | 《河北省"十四五"时期"无废城市"建设工作方案》 |
| 2022 年 5 月 | 安徽省 | 《安徽省国土空间生态修复规划(2021—2035 年)》 |
| 2023 年 1 月 | 贵州省 | 《关于鼓励和支持社会资本参与生态保护修复的实施意见》 |
| 2023 年 3 月 | 江西省 | 《全省深入整治规范矿产资源保护开发利用专项行动实施方案》 |
| 2023 年 3 月 | 山西省 | 《美丽山西建设规划纲要(2023—2035 年)》 |
| 2023 年 7 月 | 河南省 | 《河南省推动生态环境质量稳定向好三年行动计划(2023—2025 年)》 |

此外,湖北省也出台了一系列有关矿山生态修复的政策,如 2013 年湖北省国土资源厅印发《湖北省工矿废弃地复垦利用试点复垦项目验收办法(试行)》,明确了验收原则、依据、期限、责任主体、内容等；2021 年湖北省自然资源厅印发《湖北省绿色矿山建设三年行动方案(2021—2023 年)》,提出经过 3 年努力,通过全面、分类推进绿色矿山建设,到 2023 年底,全省矿山生态环境明显改善,形成矿地和谐的矿业可持续发展新格局；2022 年湖北省自然资源厅印发《湖北省国土空间生态修复规划(2021—2035 年)》,提出积极探索矿山生态修复市场化运作,扎实推进矿山生态修复,吸引更多社会资本全出资开展工矿废弃地复垦、矿山生态修复等项目。2022 年,黄冈市印发了《黄冈市推进绿色矿山建设工作方案》,明确加强绿色矿山示范区建设；2024 年,黄冈市政府工作报告中明确提出,要推进绿色矿山建设。以上政策的颁布与实施为鄂东北露天非金属矿山的生态修复提供了政策依据和保障。

## 1.3　矿山生态修复相关规范

随着矿山生态修复工作创新度和融合性的不断提升,现有的标准规范体系无法有效保障矿山生态修复成果的可持续性。在此背景下,国家标准化管理委员会印发的《2023 年全国标准化工作要点》与自然资源部办公厅印发的《自然资源标准化工作三年行动计划(2023—2025 年)》均提出要加强矿山生态修复标准化建设。

### 1.3.1　国家标准

目前已批复实施的矿山生态修复国家标准有 4 项,分别是《矿山环境地质分类》(GB/T 22206—

2008)、《煤矿绿色矿山评价指标》(GB/T 37767—2019)、《金属矿山土地复垦工程设计标准》(GB 51411—2020)、《采矿沉陷区生态修复技术规程》(GB/T 42251—2022)。此外,自然资源部发布的《煤矿土地复垦与生态修复技术规范》(GB/T 43934—2024)、《金属矿土地复垦与生态修复技术规范》(GB/T 43933—2024)、《石油天然气项目土地复垦与生态修复技术规范》(GB/T 43936—2024)、《矿山土地复垦与生态修复监测评价技术规范》(GB/T 43935—2024)4 项国家标准于 2024 年 8 月正式实施。上述规范主要针对煤矿和金属矿,尽管可以作为借鉴和参考,但仍然缺少专门针对露天非金属矿的生态修复标准。

### 1.3.2 地方标准

目前,我国矿业大省陆续出台了相对丰富的矿山生态修复地方标准,如江西省、山东省、河南省出台了 10 种以上的地方标准。不同省份的地方标准呈现出鲜明的区域特点,如内蒙古自治区针对其中西部露天煤矿的植被恢复形成了技术标准,江西省针对特有的离子型稀土资源出台了《离子型稀土绿色矿山建设规范》(DB3607/T 003—2022),重庆市针对页岩气和煤层气开发出台了《页岩气与煤层气绿色矿山建设规范》(DB50/T 1260—2022)。地方矿山生态修复标准大多是基于当地资源、环境和经济状况而制定的,可以更详细、具体地提供指导,使矿山生态修复工作更贴近当地实际。但与此同时,这也意味着地方标准的适用范围有限,大范围推广的价值和意义不大。

因鄂东北黄冈地区露天非金属矿山数量多,且存在种植基质稀缺、自然环境条件恶劣、生态修复难度大等难点,在实际治理过程中缺少相关技术标准提供指导,故地质三大队在归纳总结黄冈市露天非金属矿山地质环境治理及生态修复经验的基础上,牵头起草了黄冈市地方标准《露天非金属矿山生态修复治理技术规程》(DB 4211/T 29—2023)。

### 1.3.3 行业和团体标准

行业标准由相关行业协会或主管部门制定,能够更好地适应相应行业矿山生态修复的特点和需求。矿山生态修复的行业标准制定有地质矿产和土地资源管理两条主线,同时也涉及环境保护、能源、有色金属、林业等行业,如《矿山生态修复技术规范》(TD/T 1070—2022)涵盖了煤炭矿山、金属矿山、建材矿山、化工矿山、稀土矿山、油气矿山。

矿山生态修复团体标准由非政府组织、矿业研究机构、矿业企业集团等组织制定,能够提供更具体和更专业的技术与管理指导。大部分单项标准都专注于矿山生态修复的某个特定方面,通常是在实践中总结和归纳的经验和技术,是标准体系建设的重要补充。如中国治沙暨沙业学会制定的《矿山生态修复植物篱营建技术规程》(T/CNSC 004—2021)、中国国际科技促进会制定的《离子型稀土浸矿场地边坡稳定性评估与护坡技术规范》(T/CI 019—2023)等。

## 1.4 国内外露天非金属矿山生态修复基本情况

### 1.4.1 基本概念

国外矿山生态修复相关文献中,常用的表示"修复"的单词有 remediation、reclamation、restoration 和 rehabilitation,但在国际上,这些单词在矿山修复领域中并没有公认的具体解释,不利于文献的理解和学者间的交流。

澳大利亚 Cross 等（2018）呼吁采矿业和政策制定者重新审视他们的术语，以达成国际公认的命名体系，清晰的术语使用和理解将使矿山闭坑后生态修复的目标与社会期望相一致。澄清术语可以提高恢复策略的透明度，推动更有效的矿山生态恢复实践。加拿大 Lima 等（2016）创建了基于共同目标的明确术语路线图区分"R4"，即修复（remediation）、复垦（reclamation）、再生（rehabilitation）和恢复（restoration）中的每个术语的目标。

（1）Remediation（修复）。主要目标是控制污染，即针对特定的污染目标，如土壤、水或人类健康，采取措施解决污染问题，以达到去污染或无污染的场地状态。

（2）Reclamation（复垦）。这个术语更多地与生态学相关，旨在通过恢复土地的使用功能，使被开采后的场地重新变得适宜使用。

（3）Rehabilitation（再生）。通常与管理活动相关，比如城市和农业用途，它可能涉及恢复场地的基本功能，但不一定恢复到原有的生态系统状态。

（4）Restoration（恢复）。目标是恢复到开采前存在的生态系统，包括恢复整个生态系统的功能，以期重建与资源开采前相同的生态系统状态。

目前国际上主流的解释是：Remediation（修复）是针对污染的控制或去除；Reclamation（复垦）是针对土地功能的恢复；Rehabilitation（再生）是场地基本功能（如城市和农业用途）的恢复；Restoration（恢复）是整个生态系统的恢复，是生态修复的最终目标。

## 1.4.2 矿山生态修复内容

### 1.4.2.1 矿区灾害治理

矿山开采活动严重影响了山体、斜坡的稳定性，导致地面塌陷、山体崩塌（图 1-1）和滑坡等不良地质灾害频繁发生。煤矸石、废渣石堆的不合理堆放易导致边坡失稳，从而出现石堆的崩塌、滑移。在山区，因采矿地区植被破坏，土壤在地表的附着能力大打折扣，经强降雨的冲刷常易发生泥石流，对矿区人员、周围环境和居民构成潜在的重大威胁。在开展矿山生态修复工作时，采用合理的修复措施控制地质灾害发生势在必行。

**1. 削（清）方与反压**

针对矿区开采产生的斜坡、碎裂山体，对其进行削坡卸载，将地质灾害问题直接消除在源头，能够有效阻止不良地质现象的发生。刘瑞成等（2022）针对卓尼县采石场渣堆坡脚临空且坡脚受河流不断侵蚀的状况，采用分级削坡减载技术减小坡面临空面积和坡度，使边坡稳定性增强，后续利用生态修复工程快速地构建稳定的生态结构，植被覆盖度、区域水土保持和水源涵养能力等都得到大幅提升。刘哲等（2021）对不稳定滑坡体以及堆渣体下滑等进行了削方卸载处理，遵循了"技术可行、经济合理、环境友好、方便施工"的原则，但该削方压实技术也存在一定的不足，其适用性取决于地质条件，包括地层稳定性、地形形态、土壤性质等。在地质条件复杂或者不稳定的地区，使用削方压实技术治理效果可能不佳，且存在较大的安全风险，要想提高适用性，需综合不同影响因素制定治理措施。

国外学者突尼斯 Ahmadi 等（2019）针对 Jebel Jebbeus 露天磷矿采用差异化削坡策略，按照岩石工程性质将边坡分为软岩边坡和硬岩边坡两类，分别采用缓坡（25°）、陡坡（70°）方案放坡，从而实现了经济性与稳定性的平衡。

# 1 概 述

图 1-1 矿山边坡崩塌灾害

国内外通过削方反压进行矿区灾害治理的思路基本一致,即通过放坡提高边坡稳定性,但对于地质条件复杂的矿山,须综合考虑地形、地质等条件。

**2. 挡墙加固**

抗滑挡墙因对山体天然应力平衡破坏小、稳定滑坡体效果显著等优点被广泛应用于矿山滑坡型地质灾害防治。由国内大量的实际案例可以看出,挡土墙边坡支护工程技术具有广泛的应用前景。当前国内常使用的挡墙有桩板式挡墙、扶壁式挡墙、悬臂式挡墙、加筋土挡墙以及重力式挡墙等。尚红霞(2021)就地取材,利用废矿石对石灰岩矿山边坡分级建设人工砌筑挡土墙,有效消除了滑坡等灾害隐患;许坚等(2018)针对研究区破坏现状,在矸石山斜坡四周坡脚设置高浆砌石挡矸墙,抵御滑坡、崩塌等灾害的发生;吴未杰(2019)在治理露天煤矿边坡中,采用土工格栅加筋土和生态袋组合的挡土墙形式,经实践证明二者组合使用可以取得更好的矿山生态修复效果;吴文忠等(2023)对露天花岗岩边坡进行治理时,在弃渣堆坡脚设置网箱挡墙,将矿区废弃石材作为挡墙原料,大大降低了治理成本。综上所述,在使用挡土墙技术进行地质灾害的防治时,需综合考虑实际情况,在合适的位置设置挡土墙,并调整挡土墙规模和类型。同时,治理手段不能过于单一,挡土工程应结合其他边坡治理手段,从而达到事半功倍的效果。

在国外,泰国 Udomchai 等(2017)设计了一种不可延伸的加筋土挡土墙——BRE 墙(bearing reinforcement earth wall),回填材料使用矿山现场的残留黏土岩,通过不可延伸的加筋材料增强土体抗拉强度,形成稳定的复合结构,实现了高强度、低变形、快速施工和成本优化的多重目标;摩洛哥 Ghorfi(2024)将圆形混凝土衬砌竖井作为挡土墙,挡土墙直径 1.5m,衬砌厚度 10~15cm,建造的 3 个深竖井(20~55m)未出现开裂或破坏。

挡墙作为矿山地质灾害常用的治理措施之一,对矿山的稳定性发挥着重要作用。此外,挡墙能够充分利用矿山废弃石材以实现废物资源化利用,并可使用新型土工合成材料以增强挡墙强度,挡墙还可与其他措施合理组合以达到更优的支护效果。

#### 3. 锚杆与锚索加固

在滑坡治理中,通过锚杆与锚索将滑动体固定在深层稳定的土体上,可以有效抵抗滑坡体内部土体的移动和变形,实现滑坡体的稳定。在塌陷治理中,设置锚杆可以提供额外的支撑力和抗拉强度,减小土体的沉降,有效控制地表塌陷的程度。在地下水沉降治理中,通过在地下水沉降区域设置锚杆,并将锚杆与地下结构紧密连接,可增强地下结构的整体稳定性,削弱地下水对结构的影响。常用的锚杆结构主要有现浇式锚杆框架结构、拼装式锚杆框架结构、预应力锚杆框架结构以及装配式预应力锚杆框架结构等。根据具体的滑坡情况对结构形式进行调整和优化可使锚杆具有一定的灵活性和适用性。同时,与传统的土方加固方法相比,锚杆与锚索加固可以最大程度地减少对周围环境的影响,在保障灾害体长期稳定的同时,对生态环境的影响较小。但该手段也存在成本高、技术操作难度大、施工周期长、维护管理困难等不足。采用锚杆、锚索对灾害进行治理时,应综合各个方面因素进行可行性和效益分析。

锚杆与锚索加固作为边坡防护的最常用措施之一,技术已较为成熟,国内外针对边坡锚固的文献和研究成果十分丰富,在此不一一赘述。

#### 4. 截排水工程

水文地质因素是影响矿山地质灾害的重要因素之一。地下水位下降时,地下水位对地层的承载能力减弱,可能导致矿山地面塌陷;地表水冲刷易流动的松散表土,则可能引发泥石流;矿区作业产生的污染随地表水渗入地下,会加重周围环境治理负担。因此,设置截排水工程对地质灾害的防治工作具有重要意义。从国内大量的实践研究中可以发现,截排水工程绝大部分是根据生态修复区地形特征设置的。车路宽等(2024)根据矿山不同地形确定截水沟断面形状、尺寸大小、铺砌材料等,以减轻水流对边坡的冲刷影响和排水压力;张品楠(2024)在生态修复区安全平台内侧及坡脚处修筑截排水沟,在坡面设置急流槽,有效减小了坡面水土流失和对坡面植物的损害;朱宏军等(2022)在对元宝山露天煤矿治理研究中,根据第四系砂砾层含水层疏排水量大、含水层埋藏浅、富水性强、透水性好、补给来源和补给通道明确、底部发育有稳定隔水层等特点,采用截水帷幕施工,从根本上解决因长期疏排水而造成的安全、环保及经济等问题,该研究成果对类似矿山排水工程场景具有很高的应用价值;为有效防治安徽省贵池区神山灰岩矿溜井井壁长期涌水问题,崔伟等(2024)根据本地水文地质条件,提出了一种"疏水井+排水廊道+引水孔+井壁涌水点封堵"的防治水方法,有效疏排溜井井壁后的岩溶水,解决了井壁长期涌水的问题,为类似矿山溜井防治水工程提供了参考价值。截排水工程在保护土地、水资源和生态系统中扮演着重要角色,进一步促进了矿山的生态修复和可持续发展。

截排水工程对矿区水质的改善至关重要,这直接关系到生态修复的质量保障和潜在地质灾害的预防。德国 Grünewald(2001)对矿区抽水量进行阶段性递减调控,抽水量从 1989 年 $1220 \times 10^6 \mathrm{m}^3/\mathrm{a}$(水煤比 6.3∶1)逐步降至 1997 年 $648 \times 10^6 \mathrm{m}^3/\mathrm{a}$(水煤比 10.9∶1),并提出从邻近流域调水的方案,极大缓解了矿区开采后水资源短缺的问题,同时为了抑制酸性地下水污染扩散,对高酸度地下水单独截流并投加碱性物质中和,如投加石灰并通过调引清洁地表水快速淹没矿坑,稀释酸性物质,从而保障河流生态基流,最终重建水生生态系统;加拿大 Kuyucak(2002)设计了一个地表水导排系统和一个地下水阻隔系统,通过控制水迁移路径,减少水与含硫废物的接触,从而抑制硫化物的氧化反应。地表水导排系统主要包括衬砌(防渗)和护坡(防蚀),地下水阻隔系统则是灌浆帷幕与泥浆墙,最终使得水体硫酸盐浓度下降 85%,恢复了水体自净能力。新西兰 Olds W 等(2016)采用 ELF 分层填筑+石灰添加+压实的工程措施,减少废石堆的氧气对流和氧气渗透,于每层添加 $19\mathrm{kg/m}^2$ 的农用石灰(厚度<2.5mm 的 $CaCO_3$)以中和酸性,同时通过压实废石降低材料渗透性(从 $10^{-6.6}\mathrm{m/s}$ 数量级降至 $10^{-7.1} \sim 10^{-8.0}\mathrm{m/s}$ 数量级),限制氧气扩散,显著延缓酸性排水生成。该工程未出现明显酸性排水,成功解决了 Reddale 煤矿的酸性排水问题。

截排水工程在保护土地、水资源和生态系统中发挥着重要作用,促进了矿山生态修复和可持续发展。

#### 1.4.2.2 地形重塑

地形重塑是在地质灾害防治的基础上,根据植被重建和景观提升的要求,针对矿山开采后遭到破坏的地形、凹凸不平的地表进行修形、堆坡、削坡,将其改造成满足生态修复的自然平缓坡(图1-2)。

图 1-2 矿山排土场地形重塑

国内在地形地貌重塑的研究中,一般是因地制宜地塑造富有特色的地形和多样化的生态环境。吴靖雪等(2015)总结了针对矿区垂直界面、斜界面和水平界面不同的处理方式,将垂直开凿面改造成多层次地形、复合型的空间,斜界面改造成层层叠落的梯田景观,水平界面则采用地面铺装法形成软性地坪或硬性地坪;许庆良(2010)依据采坑规模大小及实际情况和矿山治理条件,采取了人工垒砌坝台、爆破挖坑、客土回填整地等方式对采矿区碎石流进行整治;陈永春(2018)将淮南大通煤矿区的垃圾堆改造成土堆,将垃圾堆东侧的原有沟渠建造成污水处理设施,因地制宜地对原有地形进行重塑;郑涛(2009)采用生态石笼技术做成挡土墙并挂网加固北京市门头沟区废弃采石场四周被破坏山体形成的山体滑坡,为生态修复营造有利条件;郭党生(2021)采用挖填方工程并在填方边坡与坡脚衔接处设置石笼整治地形地貌,取得了良好的修复效果;张朝等(2022)采取削(清)方与筑台反压的措施对采坑边坡进行整治,削减了裸露岩坡高度,有效地解决了削(清)方等废渣的归置问题,有利于进一步实现边坡生态修复目标;李季(2023)通过对桥山富平段矿山的地质环境问题进行调查分析,将清理后高陡边坡坡面浮石、弃渣优先回填采矿低洼区,为后续覆土绿化修复工程提供基础条件;刘训良等(2022)利用削坡等工程措施解决了密云矿区环境、土地资源压占损毁的问题。

国外关于地形地貌重塑的相关研究代表性成果是 Geofluv 方法,即美国 Bugosh(2009)提出的基于水文地貌稳定性的复垦地形设计方法。该方法通过测量稳定自然地貌的几何特征,如河道宽深比、坡度、汇水区面积,将上述参数输入软件中,生成与当地气候、土壤、植被协调的地形。Geofluv 方法于 2001 年在拉普拉塔矿中首次应用,将无人工衬砌作为地形水文自稳性的技术出口,即主要依靠自然材料(如土壤、植被)与地形设计实现河道稳定性,同时通过软件量化设计参数,最终实现侵蚀控制和成本优化,复垦区悬浮物浓度下降 90%,材料与维护费下降 37%。美国 DePriest(2015)将 GeoFluv 方法应用于西弗吉尼亚州的一个废弃河谷填方矿区,测量了排水长度、排水密度,实现了地貌参数本地化,并通过软件生成了 7 种替代性方案以验证河道和坡面的稳定性,但要实现长期侵蚀控制还需要进一步研究侵蚀率和水质改善效果;美国 Terrence(2005)指出传统地形重塑方法大部分仅关注山坡稳定性和侵蚀控制,忽视排水盆地系统性功能,这可能导致排水密度不足导致暴雨后沟壑侵蚀,或山坡形态与自然流域不匹配,并由此提出了优先设计树状排水网络、模仿自然流域层级结构的原则,强调将地貌学原理融入工程规划,从根源降低生态修复失败风险。上述研究充分体现了地形重塑在生态修复中的重要作用。

### 1.4.2.3 土壤基质改良

**1. 物理改良**

矿区表土遭到开采活动的破坏易流失,常用粉碎、压实、剥离、分级、排放等技术改进退化土地的物理特性。其中表土回填、客土法等方式,因可操作度强、成本较低、能够较大程度发挥土壤种子库的作用和功能、极大加快矿区生态修复进展而成为物理改良常见的有效方法之一。魏宝国(2022)在雪霍立露天矿山治理研究中,将渣土改良划分成覆土型和就地翻耕型两种类型,将治理区划分为覆土区和就地翻耕区,实现土壤就地改良;王立苍等(2021)以麒麟采石场为研究对象,采用客土法,选用质地好的壤土或砂壤土覆盖地表,覆土厚度不小于60cm,改善植物生长的不良基质;桂露(2017)采用覆土的方式对生境恶劣、生物多样性低的采石场基质进行改良,优先选择秦岭北麓浅山部位的土壤,该土壤中含有大量原生植物物种,可加快采石场的恢复进程;卞正富等(1999)在开滦矿区进行矿山土复垦利用试验,发现条带式覆土或全面覆土控制矸石酸性的效果较好,而穴植覆土效果较差;李静(2008)在对耿家湾泥炭采空区土地复垦技术可行性研究中得出结论,采用科学有效的回填技术能使土壤理化性质提高,微生物数量增加,活性提高,有机质分解加速,释放养分增多,有利于作物生长(图1-3)。总之,对土壤进行物理修复能有效改善土壤结构和控制土壤侵蚀,为植被恢复创造生长条件。

图1-3 耿家湾泥炭采空区回填表土

在国外,除了传统的粉碎、压实等传统物理方法外,还有从电动力学角度进行土壤改良的案例。智利Rojo等(2013)利用脉冲正弦电场电动力学技术显著提升了尾矿土壤中铜离子的去除效率,并大幅降低了能耗,在最佳条件下,铜离子去除率达24.5%,能耗仅为传统方法的1/80,为矿山尾矿的绿色治理提供了高效的物理改良方法。

**2. 化学改良**

目前国内多用中性技术解决露天非金属矿山过酸、过碱的问题,即酸性土壤一般用石灰、钙镁磷肥、粉煤灰等作掺和剂,碱性土壤常用石膏、氯化钙等作调节剂。开采区土壤可能出现土壤结构不良、养分含量低等状况,且往往伴随重金属污染、含碱量大,产生以灰烬、砂质、岩土等为主的矿山堆场的组成物质等情况,需要使用化学改良剂改善土壤理化性质,缓解其重金属毒性、降低其碱性等。周航(2010)通过实地试验发现,碳酸钙能显著降低废弃地土壤中交换态重金属的含量,且碳酸钙的使用量和交换态重金属的含量成反比;杨长钰等(2020)将巯基丙基三甲氧基硅烷改性煤矸石作为修复剂,探究了不同修复剂添加Co的钝化效果,得出了巯基改性煤矸石对土壤中Co具有最佳的钝化效果的结论。

国外研究中则提到了更多不同的化学改良剂。西班牙Vladimír等(2020)将硬木屑与$CuOH_2$溶液、$FeSO_4$溶液、$MgCl_2$溶液混合后热解制备的工程化热解材料作为化学改良剂,有效改善了土壤的砷固定问题,使土壤中砷的迁移性降低68.9%,且对土壤中其他重金属(如Cd、Cu、Fe)也有显著固定作用;西班牙Gascó G等(2019)将兔粪在450℃和600℃下热解制成兔粪生物炭,按质量1∶9的比例与土壤混合,通过提高土壤pH、阳离子交换容量、有机碳含量及养分(如磷、钾)和降低重金属(As、Cu、Pb、Zn等)的生物有效性,以改善土壤性质,促进植物生长。

**3. 土壤动物与微生物改良**

土壤动物和微生物具有消费和分解双作用,能改良土壤结构,增加土壤肥力,缩短生态恢复周期,既经济又环保。生物修复需要结合被治理矿山的土壤条件、地域特点、气候特征等,因地制宜选择适合的修复手段,为后续植物定居奠定生境基础。

(1) 土壤动物。在露天非金属矿生态修复过程中,引入蚯蚓、千足虫等生物可增加土壤的活力和肥力,有效吸附土壤中的重金属元素,实现有害物质转移与净化。

(2) 微生物。微生物复垦因投入低、改善矿区土壤肥力和提高植物活力效果明显、无二次污染等优点,逐渐成为矿区生态重建的关注重点。促进植物生长的细菌与菌根真菌通过改变植物根系分泌物组成成分和调节土壤pH值,可有效降低土壤重金属的毒性,促进植物对重金属的吸收与净化作用。毕银丽等(2005)总结了丛枝菌根在矿区生态重建中应用的研究进展,认为借助菌根技术可增强对矿区生态环境的改善作用,有效推动矿区生态系统的健康发展。

### 1.4.2.4 植被修复

植被修复有利于矿区土壤的保持,减小水土流失的风险,同时促进生物多样性的恢复,对于提高生态系统稳定性和可持续发展性具有重要意义。早期,我国多采用边坡复绿、草皮护坡、草灌结合等传统修复方式,修复技术较单一,复绿效果不理想。近年来,随着我国对露天非金属矿山的生态修复工程研究的不断深入,相关技术有了很大的提升。现今我国常见植被恢复模式主要有挂网喷播覆绿、拉台覆土绿化、采坑回填覆土绿化、废石渣堆治理等治理方式。

**1. 植被修复原则**

因非金属露天矿山开采影响区域地形不同,植被修复工程一般分为两个部分:采矿废弃场治理和岩质边坡治理。采矿废弃场治理技术易操作,一般采用客土压覆的方法进行植树种草绿化,治理效果也比较理想。矿山岩质边坡因立地条件极为恶劣,其绿化治理成为生态修复的难点和重点,且岩质边坡面治理修复的好坏是整个矿山生态修复成败的关键,要加快恢复速率,需运用特定技术进行针对性治理。

郭党生(2021)针对京北地区裸露岩质边坡的特点,采用生态植被护坡袋、团粒客土喷播、石壁飘台绿化等新型生态修复技术,实现了较好的绿化效果;林国评(2019)通过飘板植生槽和液压喷播种子等绿化措施,对高陡岩质边坡进行了快速有效的生态治理;祝俊(2019)在较陡的矿区边坡采用植被混凝土喷播技术进行生态修复,恢复效果较好(图1-4);刘敏(2014)结合裸露崖壁无法附着植被的现状,采用锚固三维土工网复合植被技术,辅以覆土植绿等措施,实现了生态修复。此外,陈永春(2018)研究了土质坡面三维植被网坡面修复技术,不仅构建了植物群落,还有效改善了水土流失的现状。

国外相关研究主要从植物功能出发,根据对环境适应程度选择植物物种。西班牙 Navarro-Cano 等(2019)提出通过选择功能互补的植物物种进行矿山修复,基于功能性状差异(如根系结构、耐旱性、耐盐性等)最大化生态互补性,减少植物间的相互竞争,并通过播种试验验证了该方法的有效性;塞尔维亚 Gajić(2018)明确提出了适合用于生态修复的植物物种的 8 项关键指标:易定植性、快速生长、深根系、固氮能力、气候耐受性、逆境耐受性、种间协调性、改良基质潜力;瑞典 Maiti(2021)根据北欧亚北极地区特殊的生态环境条件,按照适应环境、本土植物优先、氮富集能力强等原则,遴选出 6 种本土植物,包括紫沼委陵菜、喙囊薹草等。

图 1-4　飘板植生槽和液压喷播种子绿化后矿区边坡植被恢复效果

**2. 植物的选择与配置**

植被修复是矿山生态修复的重中之重,而植物种类的选择和配置是实现生态平衡的关键。国内对植物筛选的方法研究经验丰富,大致分为定性分析方法和定量分析方法两类。

陈永春(2018)采用定性分析法,针对复杂的修复环境采取了不同的植被配置方式,利用乔-灌-草结构的人工植物群落修复陆地区域,采用本土物种女贞、刺槐、构树、紫穗槐等物种恢复化工垃圾区域,在坡面构建人工乔-灌植物群落,而在湿地区域则主要利用本土的香蒲、芦苇、荻等建立人工植物群落,有效地解决了植物种类选择和群落结构的优化配置问题;夏南等(2014)在三亚市废弃花岗岩矿山生态修复植物的筛选中,对该区域未来的土地用途、土壤和气候等综合因素进行定量分析,选择当地小叶桉树、小叶相思、大叶相思等耐瘠薄、耐干旱树种,爬山虎、三角梅等藤类植物。近年来,国内学者对植物筛选方法进行了大量系统研究,不断优化升级。罗慧(2022)利用定量分析法,通过层次分析法(AHP)建立植物优选层次结构模型、构造判断矩阵、层次单排序及一致性检验、层次总排序及一致性检验对初选植物进行综合评估,科学地筛选出了更适合矿区生态修复的植物。

西班牙 Navarro-Cano 等(2019)提出通过选择功能互补的植物物种(护士植物与受益植物)进行矿山修复,基于功能性状差异(如根系结构、耐旱性、耐盐性等)最大化生态互补性,减少竞争,并通过播种试验验证了该方法的有效性,即在尾矿中播种 10 种目标植物(涵盖不同功能性状),分别研究不同植物的功能距离对幼苗存活的影响。

通过整理文献资料和经验总结,矿山生态修复选择植物种类时应遵循以下原则:
(1)选择抗旱、抗风、抗瘠薄等生长习性的植物种类以满足裸露斜坡等恶劣环境要求。
(2)优先选择更适应当地环境和气候条件的乡土适生植物,适当引入外来树种。
(3)选择繁殖能力强的植物种类,分生能力越强,覆盖速率越快,土壤裸露时间越短,土壤侵蚀程度越小,有利于加速植物的演替,快速建立稳定的植物群落。

(4) 引入如豆科植物一样拥有固土固氮功能的植物,有利于改良土壤,并为其他植物的生长创造条件。

(5) 植物种类的选择要满足景观设计和经济效益要求,考虑植物结构稳定性和观赏性。我国常见生态修复植物种类如表1-3所示。

表1-3 我国常见生态修复植物种类

| 地区 | 草 | 乔木 | 灌木 | 藤本 |
|---|---|---|---|---|
| 华北(耐寒、耐旱、耐盐碱、耐阴) | 披碱草、紫花苜蓿、狗尾草、百日草、白三叶、毛叶苕子、草木樨 | 榆树、刺槐、臭椿、杨树、枫树、落叶松 | 紫穗槐、沙棘、荆条、胡枝子、金银花、紫叶小檗、紫薇、冬青 | 爬山虎、葛藤、忍冬、龙骨藤、紫藤 |
| 华南(耐寒、耐热、耐湿、耐盐碱) | 三叶草、狗尾草、紫穗槐、狗牙根 | 木麻黄、红栌、茶树、橡胶树、榕树、红豆杉 | 桉树、紫薇、金丝桃 | 山葡萄、牵牛花、刺藤、忍冬、紫藤 |
| 西部(耐旱、耐盐碱、抗风沙) | 草麻黄、紫花苜蓿、芨芨草、狼尾草、羽茅、燕麦草 | 柏树、怪柳、榆树、松树、榛子树 | 柠条、油蒿、沙棘、沙柳、胡枝子、长柄扁桃、文冠果、山杏、欧李 | 爬山虎、忍冬、葛藤、刺藤 |

关于植物种类配置,应该遵循生物多样性原则、生态系统稳定性原则、适应性原则和物种共生原则,根据矿山修复区阳光、空气、水等环境因子合理调配符合生态演替自然规律的植物组合,构建自养型和物种多样型生态系统。

#### 1.4.2.5 养护管理

由于植被重建后自然生态系统极其脆弱,矿山环境影响因素复杂多变,为保证植物的正常生长,提高植被的存活率,对前期矿区治理成果进行养护管理是保障生态修复效果的关键。常规养护工作主要包括定期进行灌溉、施肥、除虫、除草等,对植被可能死亡的区域进行补栽。当前国内最常见的植被绿化养护方法是洒水和人工漫灌,但其人工投入成本高、水利用率低,操作不当易对矿山坡面产生冲刷,引起水土流失,存在一定的安全隐患,利用管道灌溉技术可以有效解决上述养护方式存在的问题。

罗慧(2022)针对立地条件恶劣的植被养护难度大的问题,构建了废弃矿山生态绿化自动喷灌养护系统,对植物的需水量与喷灌管网进行了计算,确定了自动喷灌养护系统的控制参数与自动控制系统;张朝(2022)根据场区地形地貌等条件利用供水管直接从生活区内公厕引水至消力池并蓄水,解决了养护水源问题,然后利用潜水泵连接养护系统,对植物进行喷灌养护,大大提高了植物的存活率。

通过合理地设计和布置管道灌溉工程可以实现水分的均匀分布,确保植被得到充分滋润。同时,管道灌溉系统的建立和使用,可实现自动化供水,降低人工成本,提高工作效率。管道灌溉可以精细调节水资源的利用,减少浪费,从而节约水资源。但管道灌溉也存在初期投资较高、维护和检修成本高、专业技术要求高等问题,应考量地形、水源和植物需求等因素,合理利用该灌溉方法。

移栽乔木相对于普通播种植物来说对营养环境的要求更苛刻,为保证存活率,李季(2023)采用树木吊针输液方式对胸径大于5cm的花椒树、柿子树、刺槐等植物进行养护,具体操作为先利用冲击电钻在与树干呈45°角方位处由上至下钻出1~2个孔洞,钻孔1~2cm深至木质部位,及时清理钻孔中的木屑,然后用输液管连接 500mL 营养液袋,大幅度提高了工程绿化成功率。因此,采取恰当的养护方法开展绿化养护工作是工程修复成功的必要条件。

相比国内,国外的植被养护管理研究更倾向于从植被生长环境入手,保障植被生长的基础。如澳大利亚 Ngugi 等(2015)发现在澳大利亚 Meandu 煤矿恢复过程中表土薄,深松操作导致土壤保水能力不足,部分原生树种无法定植,为此提出需改进土壤管理策略(如增加表土深度、调整深松方式),并选择适应性物种,以促进植被可持续恢复。

### 1.4.3 矿山生态修复方案

露天非金属矿山的生态修复是极其复杂的过程,涉及修复目标策划、技术应用、效果评估等多个流程。

目前,国内对矿山生态修复方案的研究趋向综合化、系统化、全面化,采用多种手段,融合多种学科,从单一思维走向综合治理,方案包括景观恢复、生物恢复、土壤改良和水体治理等。针对不同的矿山环境和修复目标,修复方案有所差异。2024 年,天津市铁岭子露天非金属矿山修复工程采取削高降坡、护坡及绿化等综合治理措施,在修复矿山的同时有效保护了珍贵地质体。杨静东等(2024)综合应用生态重建技术、弃渣综合利用方案及能源结构优化技术等,解决石料矿山生态环境污染、资源浪费及地质灾害隐患等问题,有效实现了生态重建、能源惠民、节能减排的矿山综合治理。面对矿山不同的特点和修复目标,针对性设计生态修复方案是矿区治理的关键。

在国外,美国开展的相关研究及成果相对较多。如 Evans 等(2013)针对矿山修复首先清除了一些外来入侵植物以减少植被竞争,接着实施了深耕作业以改善被压实的矿山土壤,然后种植了 6 种主要的本土树种,如郁金香杨树、白橡木、糖枫和红橡木,以及一些辅助树种,如芽红果、胡桃树、山核桃树,每公顷种植 1730 棵树苗,种植 4 年后,总存活率达到了约 948 棵树/hm²,占总树木占地面积的 65%,之后又在树苗周围施用了除草剂以控制杂草生长;Macdonald 等(2015)首先对挖掘后的土地形态进行重建,模拟自然系统中地形差异,接着利用覆土、覆盖材料和有机改良物改善土壤,为树木提供合适的根系生长介质,然后结合地形条件、覆土厚度、土壤条件和树种适宜性创建多样化的目标生态系统。图 1-5、图 1-6 分别是矿山经历地形重建后植被恢复前、后的状况。

图 1-5 矿山地形重建植被恢复前

图 1-6 矿山地形重建植被恢复后

上述各种技术在矿山生态修复中的应用均有其独特优势,按照一定流程组合应用能有效促进矿山生态修复。根据各技术应用的特点,矿山生态修复模型构建的大致流程为:①在矿区添加覆盖层,如岩石、特殊土壤,并固化压实;②通过禾本科植被和土壤改良剂增强土壤肥力,稳固生态环境;③植树造林,选择性种植恢复。图 1-7 是一个实现矿山生态修复的概念模型。

图 1-7 矿山生态修复概念模型

### 1.4.4 矿山生态修复技术

迄今为止,随着矿山生态修复带来的社会经济效益不断增加,世界各国已产出许多关于非金属露天矿山生态修复的研究成果。在生态修复过程中,矿山开采导致的土壤污染、土壤条件恶化、本土植物种植存活率降低、生物多样性下降是目前遇到的主要挑战。面对这些挑战,国外相关研究人员提供了许多生态修复的思路并研究了相应的修复技术。修复技术主要包括生物技术、化学技术、物理技术,针对土壤条件及植被生长环境进行改良,以及利用数字技术作为辅助手段对恢复进展进行管理监测,保障矿山生态修复的质量。

#### 1.4.4.1 生物技术

矿山生态修复技术中的生物技术是指利用拥有特定功能的物种促进土壤、植被及生物多样性的修复。所利用的物种在宏观上可分为3类:植物、动物和微生物。其中植物是生态修复中最常见且效果最显著的物种。

**1. 植物技术**

植物技术是指利用特定植物提高土壤中营养物质含量、酶活性等以改进土壤质量,是一种生态修复的有效思路。目前,国内外相关研究均较为丰富。

在国内,陈永春等(2018)采用本土物种女贞、刺槐、构树、紫穗槐等物种恢复化工垃圾区域,在坡面构建人工乔-灌植物群落,而在湿地区域则主要利用本土的香蒲、芦苇、荻等建立人工植物群落,针对不同修复环境,选用不同植物大大提高了土壤活性和微生物的数量,提升了修复效果;郭源上等(2024)研究发现在干旱区石灰岩矿山种植如短穗柽柳等耐旱植物,在生态修复上取得了显著成效,土壤有机物含量得到提高。

在国外,马其顿 Vlachodimos 等(2013)研究区域种植黑刺槐中发现,黑刺槐根瘤菌能固氮,有效增加土壤中的有机碳和氮;罗马尼亚 Buta 等(2019)研究比较了不同植物覆盖对土壤质量的影响,包括自然草地、牧草覆盖、黑核桃树、挪威云杉和苏格兰松树等,其中挪威云杉覆盖下的细菌数量增加了 71.37%,苏格兰松树覆盖下细菌数量增加了 67.5%,牧草和罗宾杨组合覆盖下的土壤总氮含量比其他覆盖物高 22%～38%;印度 Tripathi 等(2008)种植了 *Dalbergia sisoo* 和 *Leucena leucocephala* 等树种,以及 *Lantana camara* 和 *Leonotis nepifolia* 等灌木,还有 *Xanthium strumarium* 和 *Evolvulus* spp. 等草本植物,结果显示上述植物显著提高了矿山废地氮矿化率,增加了土壤微生物生物量以及植物生物量;韩国 Lim 等(2022)通过种植香茅、茅草、稗草、芒草、蒙古栎、红松等植物,提高了土壤质量,也促进了植被生长,图 1-8 为在土壤改良不同阶段植被生长情况;巴西 Citadini-Zanette 等(2017)选择种植了含羞草(豆科植物),提高了土壤养分含量。采用上述思路进行矿山修复的效果均较好。由此可见,利用植物修复矿山的关键在于选择合适的植物覆盖,不同的植物对于恢复废弃矿山的土壤质量、生态功能的作用对象和效果不同,适当地进行组合种植会取得更好的修复效果。

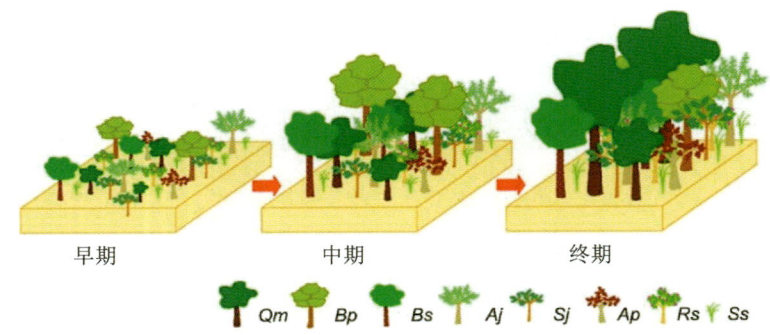

$Qm$-蒙古栎(*Quercus mongolica*);$Bp$-白桦(*Betula platyphylla*);$Bs$-铁桦(*Betula schmidtii*);$Aj$-合欢(*Albizia julibrissin*);$Sj$-野茉莉(*Styrax japonicus*);$Ap$-紫花槭(*Acer pseudosieboldianum*);$Rs$-满洲杜鹃(*Rhododendron schlippenbachii*);$Ss$-西伯利亚大油芒(*Spodiopogon sibiricus*)。

图 1-8　土壤改良不同阶段植被生长情况

在矿山开采过程中,土壤污染对生态系统的破坏有较大影响,利用特定植物生长和代谢过程来清除或稳定土壤中的污染物是常见思路。韩国 Lee 等(2023)研究了假刺槐、二色胡枝子、硬松、日本桤木、坚果松、假靛蓝、日本白桦、落叶松等植物对清除或稳定土壤中污染物的作用;塞浦路斯 Stylianou 等(2020)利用宽叶香蒲(*Typha latifolia*)和香根草(*Chrysopogon zizanioides*)实现污染土壤的修复,结果显示南方土壤中因矿山开采导致的土壤污染得到了治理,植被生长情况较良好(图 1-9);加拿大 Vodoubet 等(2015)利用白云杉(*Picea glauca*)和北美短叶松(*Pinus banksiana*)处理土壤污染;西班牙 Josa 等(2012)使用果园草和苜蓿(*Medicago sativa* L.)快速生长的草本植物,但修复效果较差,从而得到经验,在干旱半干旱地区,使用快速生长的草本植物进行矿山生态修复是不合适的,特别是在需要快速形成植被覆盖的边坡上。

图 1-9　塞浦路斯一矿山南北植被情况

植物根系会吸收提取土壤中的污染物,降低污染物的流动性和生物利用度,作为处理土壤污染的治理工具具有天然优势,有效且成本较低,在矿山生态修复中被广泛应用。

植物修复除了对土壤作用外,更多的是增加生态系统的整体生产力,帮助恢复生态系统功能,使矿山得以自然再生,实现可持续发展。通过种植设计,主动植树,利用能适应开采后恶劣环境的外来植物与本土植物促进自然再生,再根据实际情况决定是否移除外来植物种,保证矿山的后续修复效果是矿山生态修复中的一种有效思路。巴西 König 等(2023)种植了印度次大陆的外来物种乌墨(*Syzigium cumini*)和本地的月桂印加树(*Inga laurina*),开启生态系统自然再生的过程后,外来物种被移除;印度 Ahirwal 等(2021)强调了在种植设计时选择耐压、气候适应性强和本地生态系统原生植物种植的重要性;美国 Hall 等(2019)依托黑核桃树进行种植设计,提出在秋季进行直接播种的方法,这种方法可以降低种植成本,但仅在前两年促进植被生长效果显著,随着时间的推移,影响效果逐渐变小;澳大利亚 Sluiter 等(2016)通过手植三齿稃(一种草本植物)的管苗以及小桉树和针叶木,在极端干旱条件下实现了植被恢复目标。巴西 König 等(2023)发现人工栖木可以吸引鸟类,增加种子传播几率,有助于稳固矿山生物多样性。在这种修复思路中,考虑到不同植物的功能不同,植物的选择无疑是关键,但种植设计也同样关键。例如,在外来物种的处理中,需考虑外来物种对本土植物的入侵作用不可忽视;又如恢复策略的选择中手植和直接播种,需要根据不同矿区条件对存活率、成本等因素进行综合考虑。图 1-10(a)为 2001 年澳大利亚 Wemen 矿山照片,图 1-10(b)为 2011 年生态得以修复的照片。

(a) 2001年　　　　　　　　　　　　　　(b) 2011年

图 1-10　澳大利亚 Wemen 矿山生态修复前(2001 年)后(2011 年)对比

**2. 动物技术**

利用特定动物提高土壤中的营养物质含量,改善土壤的物理化学特性以提高土壤质量,是一种生态修复的有效思路。目前,国内相关研究相对较少。其中,广西一些矿区积极尝试使用大型草食动物(如鹿、羊)来促进植被恢复,通过放牧这些动物可以管理植被,防止植被过度生长,同时,动物粪便可以土壤提供了营养,进一步加速生态恢复的进程。四川的某些露天矿山修复中采用了昆虫技术,特别是蜜蜂在花粉传播和植物授粉中的作用。研究发现,全面引入蜜蜂后,矿区周边植被的繁殖率提高。此外,国内学者通过研究发现,蚯蚓在土壤中运动从而疏松板结的土壤,通过自身的分泌物富集土壤养分并增加土壤肥力,促进土壤团聚体的形成,使土壤保持良好的通气透水性。

国外此类技术研究起步较早,研究成果较丰富。爱尔兰 Pelaez-Sanchez 等(2024)利用一种蚯蚓即绿异带蚓(*Allolobophora chlorotica*)以及绿异带蚓和红正蚓(*Lumbricus rubellus*)两种蚯蚓的组合进行土壤改良,结果表明蚯蚓通过影响枯叶分解、土壤混合和营养循环改善了土壤的营养分布以及物理化学性质(如稳定团聚体、持水能力);哥伦比亚 Domínguez-Haydar 等(2022)利用伪大头蚁(*Pheidole fallax*)建造和维护巢穴,可以促进生物扰动和水渗透等生态过程的恢复,这些活动有助于改善土壤的化学特性,通过转移大量的有机物质,增加土壤的养分和有机质含量。这种思路中,所选的动物都是蚂蚁、蚯蚓这些为人所熟知的对土壤圈有关键作用的动物,它们的自然行为可以提高土壤质量,对矿山生态修复有直接作用。

另外一种思路是利用特定动物促进矿山生物多样性的恢复。西班牙 Rohrer 等（2020）研究了沙马丁（一种鸟类）的筑巢活动,特别是挖掘洞穴,该活动为其他次级洞穴筑巢物种提供了潜在的巢穴,促进了矿区不具备自行建造能力的物种恢复,有效促进了当地生物多样性的恢复；巴西 Silva 等（2023）利用 Tyrannidae 科的鸟类来促进种子的散播,在存在此种鸟类的区域里收集器记录到 1588 颗种子,而没有此种鸟类的区域里收集器只记录到 237 颗种子,显著提高了种子的散播效率。采用这种思路进行生态修复效果显著,同时,动物对生态修复的独特作用得以体现,即改变非生物环境。如筑巢挖洞和主动帮助散播种子,这些需要运动能力的自然活动是植物无法替代的,所以在生态修复中利用动物技术是有必要的。

**3. 微生物技术**

在利用微生物技术开展矿山生态修复方面,国内外均有开展相关研究。中国毕银丽（2005）、巴西 de Moura 等（2022）阿尔及利亚 Madjoub 等（2023）都对丛枝菌根真菌在矿山生态修复中的作用进行了研究。丛枝菌根真菌（AMF）是一种与大约 73％ 的维管植物共生的微生物,存在于所有生物群落中。它们与植物的共生关系能增强植物对水分和营养物质的吸收能力,提高植物的生存和发育能力。接种 AMF 到植物中,植被修复效果显著（图 1-11）,尤其是在已知最难以发育植物的基质中（即覆盖层或尾矿基质）。尽管我国在露天非金属矿区推广微生物技术已取得不少成绩,但技术创新性不足,与一些欧美发达国家相比还有不小的差距。

图 1-11 接种丛枝菌根真菌的植物

### 1.4.4.2 化学技术

在露天非金属矿山生态修复中,化学技术修复是使用特殊的化学材料来增加土壤中的有机物质和营养物质以修复土壤,从而促进植被恢复。

国内针对露天非金属矿区生态修复利用化学技术的研究起步较晚,经验和成果也相对较少。国外研究比较充分,具有较高借鉴价值和推广意义。西班牙 Jordán 等（2008）对污泥进行处理,使污泥中富含的有机氮经矿化作用转化为硝酸盐,进而成为可直接利用的氮源,研究结果表明,污泥可以改善土壤的有机物质和营养状况,但高含量的硝酸盐可能带来环境风险,此种方法仍需考虑和评估;加拿大 Dietrich 等(2017)将泥炭(一种有机土壤)与热解泥炭(peat pyrolysed)制成的生物炭混合作为土壤改良剂,改良后的土壤对植物生物量有积极影响;加拿大 Asmara 等(2023)的研究表明,商业产品 Award-Maple-700 生物炭可以增加土壤的持水性和微生物活性;印度 Ahirwal 等(2021)利用马缨丹生物炭,有效增强了土壤有机碳的积累;西班牙 Salazar 等(2009)采用两种不同类型的矿渣(fine spoil 和 coarse spoil)以及农场有机副产品改善土壤的化学肥力和保水能力,成本较低且效果稳定;韩国 Lim 等(2016)使用商业有机肥料作为土壤改良剂,使土壤的化学特性(如 pH 值和养分含量)得到改善,显著促进了样本植物的生长;澳大利亚 Adhikari 等(2022)使用几种纳米材料,包括纳米铁、纳米沸石、纳米黏土和纳米钙灵,纳米材料特性包括表面功能团、高比表面积、化学稳定性和层状结构,这些特性使它们适合用于固定重金属,改善土壤健康状况和促进植物生长(图 1-12)。

图 1-12　不同土壤中植物生长情况

使用化学技术进行矿山生态修复,不仅可以选用自然中存在的污泥矿渣、植物生物炭等自身具有特殊理化性质的材料,也可以根据不同矿山的实际情况设计得到有特殊理化性质的化学材料,即国外文献中提到的"商业产品",其中以生物炭和有机肥料为主。也正因为化学材料独特的可定制性,化学技术在矿山生态修复中的针对性极强,效果极为显著。

### 1.4.4.3　物理技术

物理技术修复通过物理手段,如覆盖和压实等,改善矿山的土壤、植被环境,以加快生态修复进程。

**1. 覆盖、压实**

利用物理技术进行矿山生态修复的思路之一是利用森林土壤或其他覆盖物得到覆盖层,将其覆盖到矿区并压实。国内外针对覆盖、压实技术的理论研究和实际运用起步较早,目前已较为成熟。张华等(2013)通过大量实验研究发现,压实度为 75% 的情况下,植物存活时间长,对矿山复绿最有利;秘鲁 Flores-Alvarez 等(2018)将地表的土壤移除并妥善存储,然后在需要时再重新覆盖到原来的地方,利用植物持久性的特征优化恢复,旨在得到有潜在生命力的土壤;加拿大 Xie 等(2020)在尾矿上覆盖多层覆盖物,包括植被覆盖层、排水岩石层和低渗透性黏土层,这种混合工程土壤层能提供稳定的水分供应以促进植物生长,并通过创建大孔隙增强水分渗透;加拿大 Asmara 等(2023)利用草本植物作为覆盖物维持土壤蒸发和周围木本植物的表面温度来辅助木本植物的生长;美国 Hall 等(2010)将相对未受干扰的森林中的表土移回,放置在未压实的废石上,以接种原生植物物种,更加注重本地植物群落的恢复,而非传统恢复中在土壤覆盖重新种植具侵略性的草类和豆科植物重新。

先在矿区上添加覆盖层再进行植被恢复的物理技术,在许多文献中被称为非直接植被恢复,这种方法的效果往往比直接在矿区上种植植物以进行直接植被恢复要好,且覆盖层来源较多,如原矿区上的相对未受干扰的土壤,也是应用最多的,除此之外还有植物覆盖层、岩石覆盖层等。此项技术操作简单,成本较低,效果显著,属矿山生态修复中的基础性工作。

**2. 表层堆积**

传统物理技术修复方法中,压实土壤和使用非本地草本植物可能导致森林的恢复受阻,使得土地长期处于草地或牧场状态,而不是回到原来的森林生态系统。美国 Gilland 等(2014)针对土壤压实提出新的修复方法,即使松散堆积表土材料形成大的土堆,以促进树木生长和增加微地形异质性,从而加速生态恢复,并使采矿区土地更快回归到森林状态。图 1-13 是美国阿巴拉契亚煤田通过表层堆积修复前后对比图。

图 1-13 美国阿巴拉契亚煤田修复前后对比图

### 1.4.5 矿山生态修复效果监测

矿山生态修复是一个长期且复杂的过程,涉及变量众多。因此,矿山生态修复监测对确保修复措施的有效性和长期稳定性至关重要。矿山修复监测的任务是获取采取修复措施后矿区土壤、植被、生物多样性等要素变化的数据。

目前,矿山生态修复效果监测国内外相关研究均较少。在国内,高洪生等(2025)利用无人机航测中激光雷达和多光谱摄影技术,对矿山生态修复成效进行监测评估。在国外,澳大利亚 Lechner 等(2014)通过采集矿区高空间分辨率 SPOT-5 图像识别细小空间尺度上的土地覆盖模式,并通过基于对象的图像分析(object based image analysis,OBIA)技术对图像进行处理,监测矿山生态修复的植被;澳大利亚 Fernandes 等(2018)利用 DNA 元条形码(DNA barcoding)技术,通过提取环境样本(土壤、水或有机物)中的 DNA,使用高通量测序(high-throughput sequencing)技术对经过处理后扩增的 DNA 进行测序,再结合参考数据库,可以迅速识别动物物种以监测动物群的变化。相较于传统动物监测的方法,如陷阱捕获法和观察法,其采样方式是非侵入性的,减少了对生物潜在的伤害和干扰,并且在时间和成本上优于传统方法。

通过对矿山生态修复的效果进行监测,可以了解植被生长情况、生物多样性改良情况等,准确把握生态修复进程,为后续改进修复技术提供科学依据,促进生态的可持续发展。

### 1.4.6 矿山生态修复效果评价

生态环境的多要素、生态修复目标的多元化、实践的多技术应用决定了矿山生态修复效果评价需要持续评估许多不同的组成部分,以不断完善修复方案。评价体系包括两个部分:评价指标和评价方法。前者是指生态修复对象(土壤、植被等)的主要性质,后者是通过监测手段得到矿区中各种要素经过改良的数据后,对其进行整合评价的科学方法。

#### 1.4.6.1 评价指标

评价指标的合理选择是修复效果评价的基础,在矿山修复评价中至关重要。而选取合理的评价指标,需要对恢复进程有全面且准确的理解。

目前,国内外均有学者尝试对露天非金属矿山生态修复效果进行评价,提出并建立了评价指标体系,具有一定科学性和可操作性。但总体而言,方法和评级体系相对较少,尚未形成统一标准,且不同学科所侧重的评价指标不同,不同学者所提出的评价体系也有所差异。

在国内,张朝(2021)提出选择评价指标全面性、可操作性、动态性、独立性、定量与定性相结合的原则,结合生态修复目标及生态学理论,确定了土壤质量、植被质量、水土保持质量及景观质量 4 个指标层,4 个指标层共包含 18 个指标,其中有 15 个定量指标、3 个定性指标;范嘉琦(2023)运用 ArcGIS、InVEST 等软件,利用不同时段的 Landsat、Modis 遥感影像以及实测土壤数据,对 2006—2021 年开采区植被指标、地貌指标、土壤指标及景观指标变化情况进行分析,选取 2 项一级指标、15 项二级指标构建生态修复成效评价体系,结合层次分析法评价矿区生态修复成效,利用障碍度模型分析影响矿区生态修复成效的因素;徐俏(2024)针对新疆矿区生态系统类型多样,区域性、典型性突出的特点,以生态问题为导向,聚焦植被破坏、地形地貌破坏和土壤结构或组成的破坏的生态破坏,选取了生物多样性、地形指标、植被指标、土壤指标和经济成本指标五大类评估指标,构建了生态经济成效评估模型。

在国外,巴西 Campos 等(2016)利用自然再生层作为矿山修复技术的指标,自然再生层,即森林下层的幼苗或幼树,关乎植物群落能否长期自我维持,是评估森林恢复过程的重要指标;西班牙 Tizado 等(2016)分析了不同分类阶元层级(节肢动物纲门的目级、鞘翅目昆虫的科级,以及步甲科的物种级)在初期恢复阶段作为恢复指标的价值;澳大利亚 Harries 等(2024)对矿区生态恢复的文献进行了全面和系统的评估,指出了矿山生态恢复评估中的不足主要表现在针对关键生态系统过程的评估相对较少、对于恢复项目制性的评估也相对匮乏;美国 DeNicola 等(2016)创新性地引入功能多样性和分类差异度作为生态完整性评估的补充指标,超越了传统的物种丰富度和密度指标;西班牙 Lorite 等(2021)提出了一个经济评估工具,即以成本为指标,对不同恢复技术的有效性进行成本比较;西班牙 Carabassa 等(2019)

提出了一种名为 RESTOQUARRY 的新方法,该方法包含区域评估和恢复区评估两个模块,前者考虑地质技术风险、排水网络、侵蚀及物理退化、土壤质量、植被状况及功能 5 类因子,后者考虑景观整合、生态连通性、动物群落、人为影响 4 类因子。

通过对以上国内外相关研究成果的对比分析,可以归纳总结出目前主流的矿山生态修复效果评价模型,考虑的核心指标有植被状况、土壤质量、生物多样性等(表 1-4)。此外,景观效果、经济成本等因素也逐渐受到重视。

表 1-4 矿山生态修复主要评价指标

| 评价指标 | 参数 | 具体内容 |
| --- | --- | --- |
| 植被状况 | 植物生长情况 | 植株的大小、健康状况、繁殖能力、叶绿素含量、根系发育情况等 |
| | 植物的恢复力 | 在特定环境下的存活率 |
| 土壤质量 | 物理参数 | 土壤结构(如粒径分布、孔隙度和渗透性)、水分保持能力和稳定性 |
| | 化学参数 | 土壤的养分含量(如氮、磷、钾)、酸碱度(pH 值)、有机质水平以及潜在的污染物质(如重金属或化学污染物) |
| | 生物指标 | 微生物活性、土壤动物多样性和群落结构以及土壤酶活性 |
| 生物多样性 | 生物丰富度 | 物种的数量和种类 |

#### 1.4.6.2 评价方法

评价方法直接关系到相关人员改进矿山生态修复工作的效率与质量,要求既简洁又精确,是目前矿山生态修复面临的主要挑战之一。不同的评价指标和对象,其利用的评价方法也会有所不同。

国内常用的综合评价方法的类型有:层次分析法、模糊综合评价法、主成分分析法、德尔菲法(delphi method)和 AHP-模糊综合评价法等。杜康硕(2023)通过利用 AHP-模糊综合评价法将定性指标转变为定量指标进行分析,并且对各评价指标之间的权重分配进行计算,有效节省计算量与工作量,提高了矿山生态修复评价的工作效率;张周(2020)采用多层次模糊评价法对西宁市 2007 年、2012 年、2017 年各类山体生态问题进行综合评估,评判各类生态修复效果。综合考虑各因素影响,选择合适的评价方法,评价结果才会更科学、合理。

目前国外常用的评价方法是把评价指标量化,然后使用数学方法进行处理。数学方法本质是对数据进行处理。然而,将指标量化与矿山生态修复关联性极强,这个过程并没有统一标准,多是凭借学者的实践经验得来,评价方法的优化仍面临诸多挑战。

以色列 Levi 等(2021)建立了土壤质量指数(soil quality index,SQI),将土壤的物理、化学和生物属性转化为 0~1 之间的无单位得分,以标准化土壤属性,根据指标表现和已有文献,为每个指标分配评分函数,并通过预测功率分数(power prediction score,PPS)方法排除相关性大于 0.5 的指标对,以避免它们在 SQI 分析中产生重复影响;Gastauer 等(2020)通过计算响应比率,即将恢复后的生态系统指标与干扰前的水平进行比较,并将这些比率整合到一个修复状态指数中,以此来评估修复的进度,如果比率接近或等于 1,说明恢复效果良好;澳大利亚 Eyre 等(2015)提出了 BioCondition 评估框架,通过量化一系列关键的结构性指标(如物种多样性、覆盖度等)给恢复工作打分,然后将每个"基于站点(site-based)"和景观级别的属性得分相加,除以该生态区域理想状态下得分的结果,这使得总分标准化在 0~1 之间,允许不同生态系统之间的等效比较,总分越高说明植被的健康状况和生态功能越接近理想状态，以此来判断是否达到矿山修复的标准和是否满足人们的期望。其中"基于站点(site-based)"属性是指树冠高度、优势树种的更新、树冠覆盖、本地植物物种丰富度等与矿区植被相关的属性。

目前国外常用的评价方法是把评价指标量化，然后使用数学方法进行处理。数学方法本质是对数字进行处理，与生态修复关联性较低，在国外数学发达的背景下有许多科学的方法。然而，将指标量化与矿山生态修复关联性极强，这个过程并没有统一标准，多是凭借研究人员的实践经验得来，评价方法的优化仍面临诸多挑战。

## 1.5　本章小结

本章介绍了露天非金属矿山生态修复的相关概念，梳理了矿山生态修复相关政策和规范，分析了国内外露天非金属矿山生态修复基本情况。目前，关于矿山生态修复的政策及规范较为丰富，相关普适性技术体系已基本形成，但缺少专门针对露天非金属矿山特点和生态修复难点的技术体系，这严重制约了露天非金属矿山生态修复工作的开展，故有必要开展针对鄂东北地区的研究，以期为该地区露天非金属矿山生态修复工作提供依据和参考。

# 2 研究区概况

## 2.1 自然地理与地质环境条件

### 2.1.1 自然地理

鄂东北地区主要指黄冈市域,现辖面积约17 400km²,地理位置为北纬29°45′—31°35′、东经114°25′—116°8′(图2-1),地处大别山南麓,长江中游北岸,京九铁路中段,位于鄂豫皖赣四省交界,北接河南,东连安徽,南与江西隔江相望,西距省会武汉市78km,区内依傍1条黄金水道(长江),紧邻2座机场(武汉天河机场、九江机场),贯通4条铁路(京九铁路、合九铁路、京广连接线、沪汉蓉快速铁路),飞架6座长江大桥(鄂黄大桥、黄石大桥、九江大桥、鄂东大桥、黄冈长江大桥和九江二桥),纵横6条高速公路(沪蓉高速、黄小高速、麻武高速、武英高速、大广北高速、麻竹高速),具有承东启西、纵贯南北、得中独厚、通江达海的区位优势。

鄂东北地区位于长江、淮河两大水系的分水岭和亚热带—暖温带的气候交会点,地处长江中游北岸,西南部以215.5km长江岸线为界,占长江湖北段的1/4。区内河流从东北的山区流向西南的长江。

鄂东北地区位于秦岭-大别山造山带东段,主脊走向呈西北-东南,该造山带既是中国大陆的脊梁,也是我国南北地理分界线,是中国中央山系地质—地理—生态—气候分界线的重要组成部分。

### 2.1.2 气象水文

鄂东北地区属亚热带大陆性季风气候江淮小气候区,四季光热界限分明,日照率为43%~49%,年平均气温为15.7~17.1℃。全年无霜期237~278d。年平均降水量1223~1493mm,年降水总量2.223 7×$10^{10}$ m³(图2-2),降雨日数(≥0.1mm日数)在115~147d之间,光照丰富,雨量充足,具备植物生长的有利条件。但气候要素分布不均匀,常有洪涝、干旱等灾害。区内年降水量波动较大,年际变化明显,年降水量在968.3~2 033.6mm之间,最大为2020年的2 033.6mm,其次为2016年的1 939.8mm,最小为2013年的968.3mm。

鄂东北地区河流湖泊纵横交错,水洼港汊星罗棋布(图2-3)。区内地表水资源量6.77×$10^9$ m³,地下水资源量2.05×$10^9$ m³,地表水资源与地下水资源间的不重复计算量为2.45×$10^9$ m³,水资源总量为7.02×$10^9$ m³。区内分布有大中型水库49座,各类水文站点214个,其中水文站22个、水位站38个、雨量站137个、地下水站11个、土壤墒情站6个。全年监测区内降水量、蒸发量、水位、流量、泥沙、水温、

## 2 研究区概况

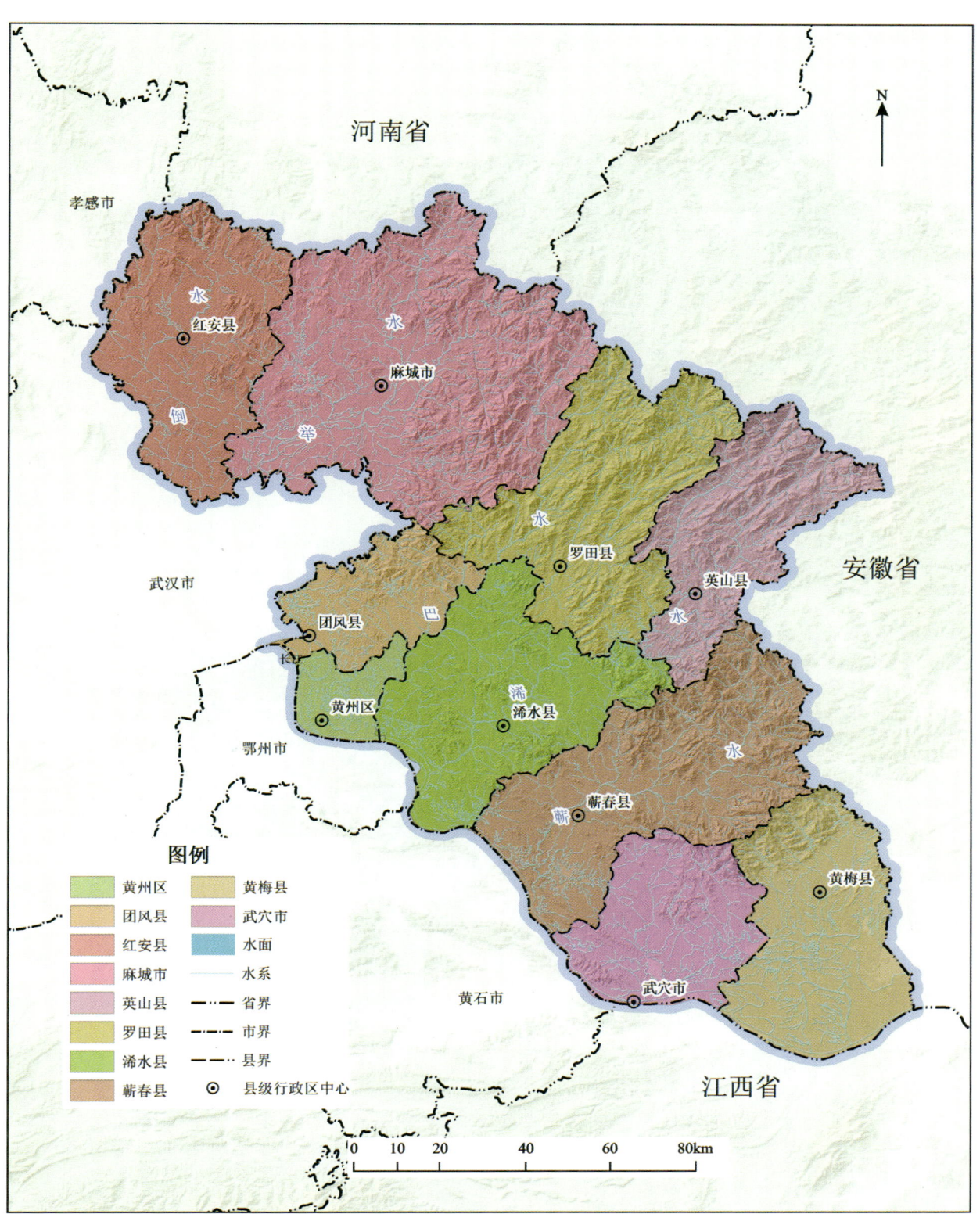

图 2-1 鄂东北地区地理位置图

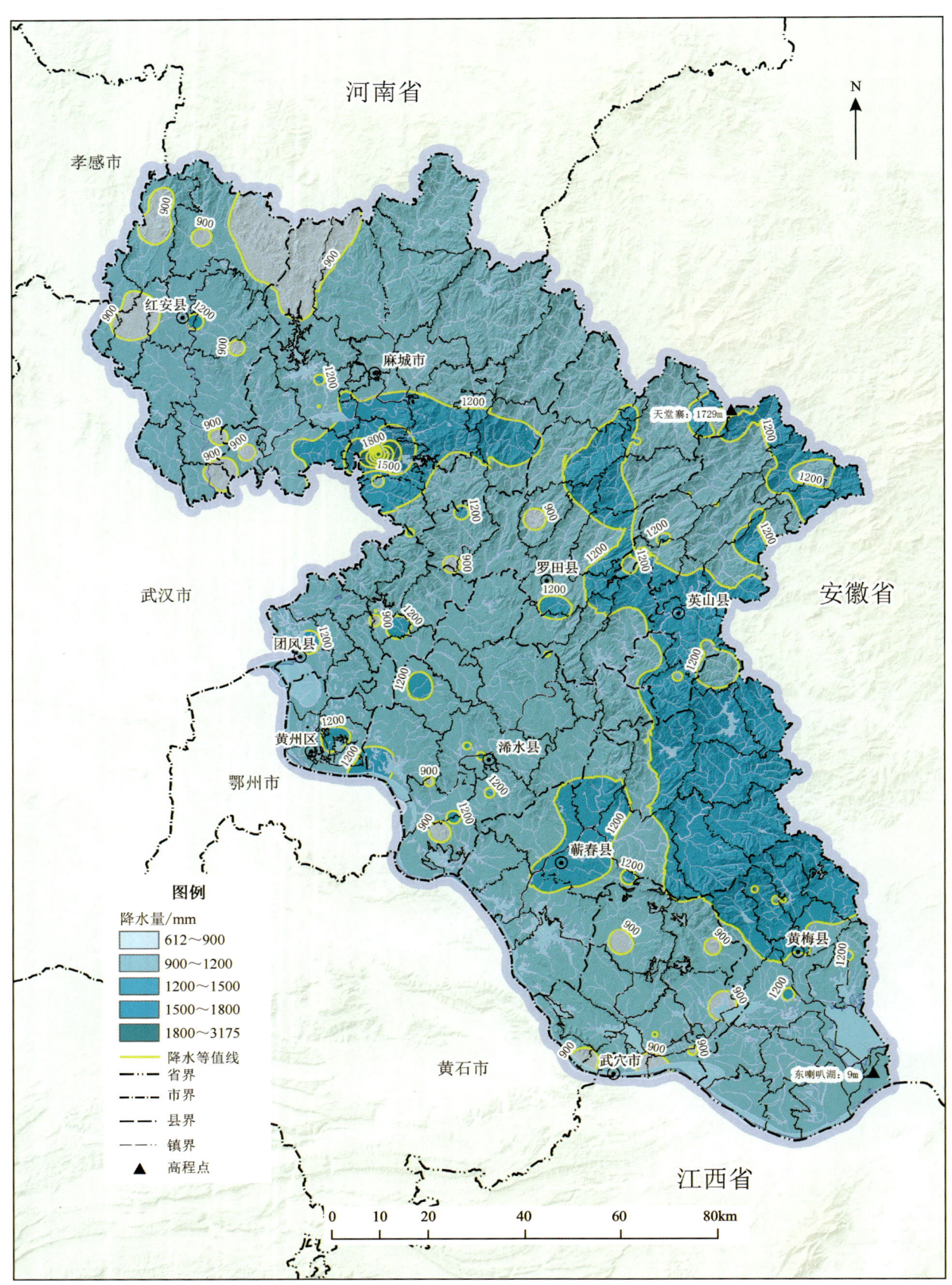

图 2-2　鄂东北地区降水量分布图

## 2 研究区概况

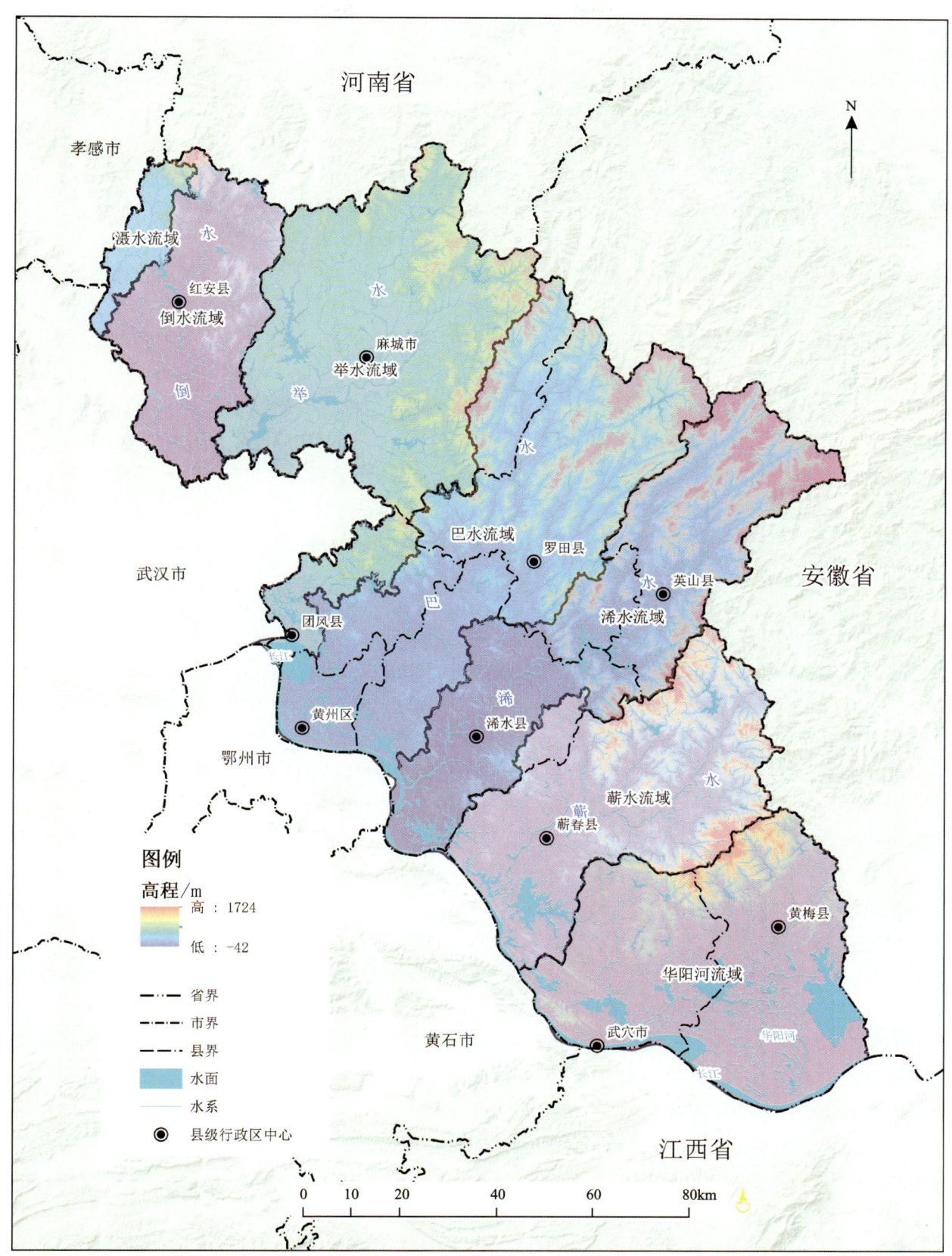

图 2-3 鄂东北地区流域分布图

土壤墒情等水文要素。有"黄金水道"之称的长江流经团风、黄州、浠水、蕲春、武穴、黄梅6个县(市、区)南沿,总长215.5km。举水、倒水、巴水、浠水、蕲水和华阳河六大水系均自北东向西南流经研究区汇入长江。龙感湖、赤东湖、武山湖、太白湖、策湖、望天湖、白潭湖等天然湖泊和白莲河水库、鸦鹰岩水库、浮桥河水库、金沙河水库等水面广阔,形成"七山一水二分田"的地貌格局。

## 2.1.3 地形地貌

鄂东北地区地势北高南低(图2-4),形成自北向南逐渐倾斜的梯级地形结构,东北部为中低山区,中部为丘陵岗地区,南部为平原湖区。东北部大别山隆起,自然成为长江、淮河两大水系的分水岭。红安、麻城、罗田、英山、浠水、黄州等县(市、区)的北部为大别山脉,山峦连绵、高峰突起,海拔多在1000m以上,主脊呈西北-东南走向,有海拔1000m以上的高峰96座,位于罗田、英山的天堂寨主峰海拔1729m,为区域内最高点。北部和东部为大别山低山丘陵区,海拔多在500~800m之间;中部为丘陵区,海拔多在300m以下,高低起伏,谷宽丘广,冲、垅、塝、畈交错。发源于大别山南麓的倒水、举水、巴水、浠水、蕲水诸水从北向南贯注,形成许多面积大小不等的山间盆地和河谷平地,出现河谷冲积平原与丘陵岗地错落交叉的地貌景观。南部为长江冲积平原,海拔在10~30m之间,最低点海拔为9.6m,多湖泊,河流主要有巴河、佛河、新河等,均自北向南注入长江,面积500亩(1亩≈666.67m$^2$)以上的湖泊38个。全区平原面积为316万亩,占全区总面积的12.10%,山地面积894.69万亩,占全区总面积的34.25%。

## 2.1.4 地层岩性

研究区属秦岭地层区的东延部分,地层出露较齐全(图2-5),自太古宇至新生界均有分布。本区地层以太古宇、元古宇、古生界变质岩系为主,大面积分布于黄梅、蕲春、浠水、团风以北的秦岭褶系地区。中生界及新生界主要在区内南端和麻城西南地区出露。

根据各时代地层中地下水的赋存、分布特征,将鄂东北地区地层岩性(表2-1)划为4类,分述如下。

(1)元古宇—下震旦统($Pt—Z_1$)。区内北部和东部广泛分布,为浅到中—深区域副变质岩,含水性、透水性极差。

(2)志留系—下石炭统($S—C_1$)。区内的志留系为浅变质碎屑岩层,厚454~1966m,透水性极差,起隔水隔热作用。主要分布在武穴、黄州等地。

(3)白垩系—新近系(K—N)。为山间断陷盆地陆相碎屑岩层,厚度不详。白垩系—新近系起隔水隔热作用,成为下伏热水含水层的良好盖层。其中砂岩夹层或穿插于其间的玄武岩体富含裂隙水及空洞裂隙水,积聚热能,常形成次生热储。主要出露于黄州、武穴、麻城等地。

(4)第四系(Q)。分布于长江、巴河等河流及小河两岸的漫滩及阶地上,厚7~75m。第四系富含孔隙潜水及承压水,在沟谷或河床中泄漏的地热流体受到第四系孔隙冷水和河水的混合,热水温度变低,水质变淡,泉水位置也不固定。

研究区是湖北省内岩浆岩最为发育的地区,片区内岩浆活动频繁,按侵入期可分为古元古代、新元古代、中生代3个主要期次,以元古宙和中生代早白垩世岩浆侵入尤为强烈,火山活动形成的喷出岩在省内亦有少量分布在黄梅、黄州地区。黄冈片区每个侵入期及岩性特征见表2-2。黄冈片区内脉岩较为发育,有伟晶岩脉($\rho$)、角闪岩($\Psi l$)、辉石岩(V)、变基性岩(N)、榴闪岩(E)、榴辉岩(ec)、闪长岩脉($\delta$)、闪长玢岩脉($\delta\mu$)、花岗斑岩脉($\pi\gamma$)、辉绿岩脉($\beta\mu$)及少量北东向石英脉产出。

## 2 研究区概况

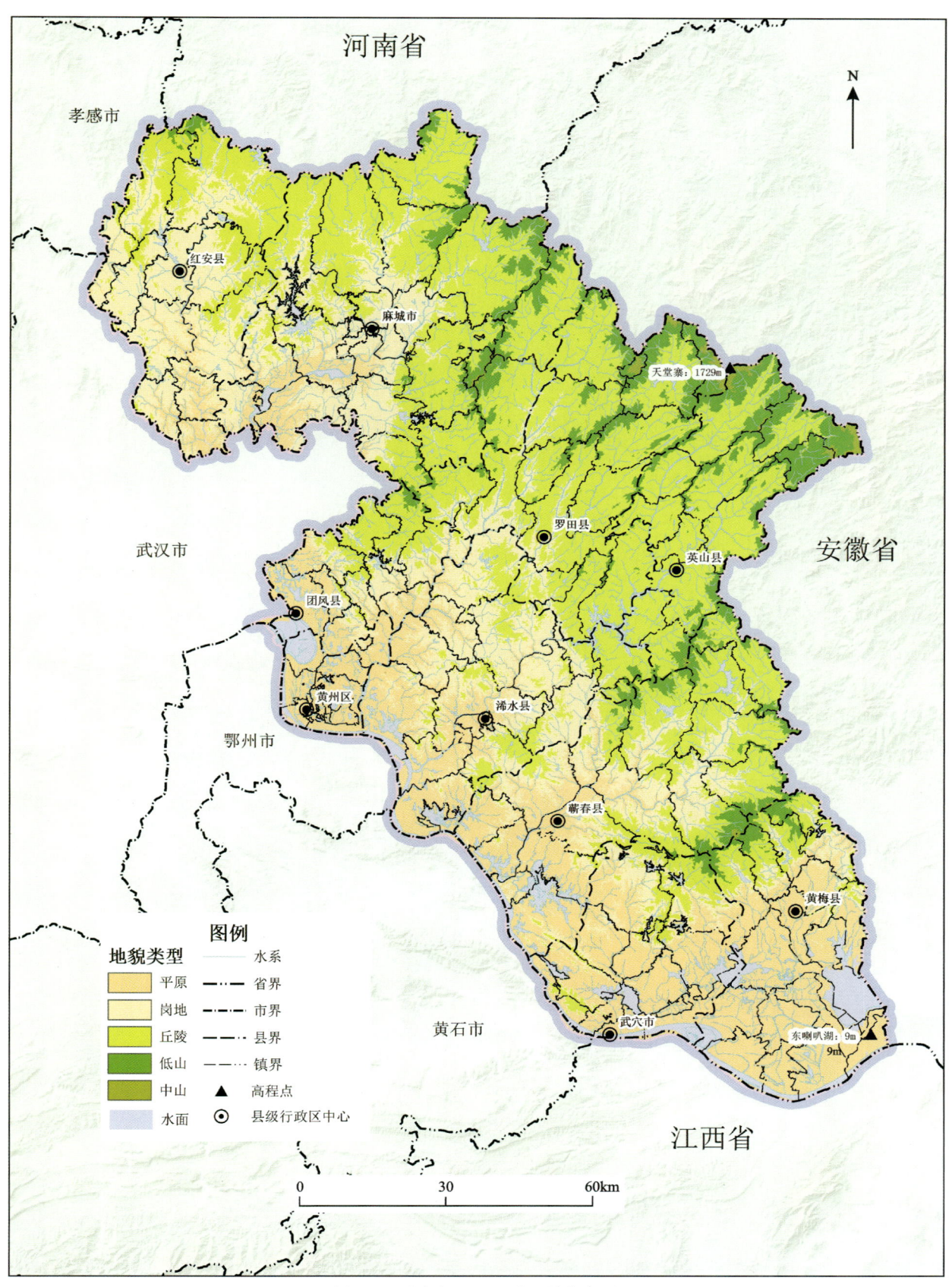

图 2-4 鄂东北地区地形地貌分布图

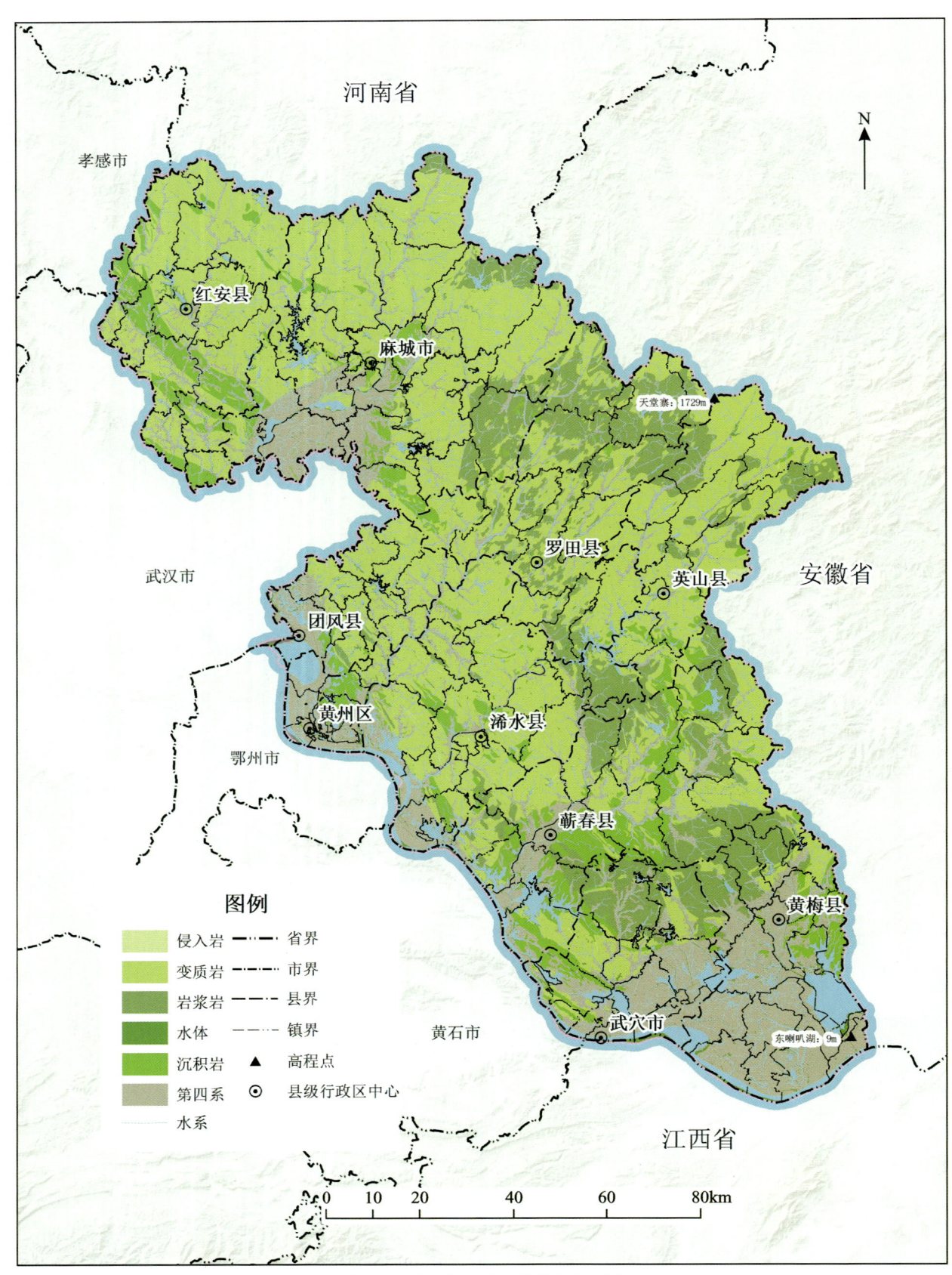

图 2-5 鄂东北地区地层岩性分布图

## 2 研究区概况

**表 2-1 鄂东北地区地层岩性一览表**

| 地质时代 | | | 岩石地层单位 | | | 厚度/m | 主要岩性 | |
|---|---|---|---|---|---|---|---|---|
| 代 | 纪 | 世 | 群 | 组（段） | 代号 | | | |
| 新生代 | 第四纪 | 全新世 | | | Qh | | 上部为砾砂石、砂土、亚黏土、黏土；下部为砂砾层、网结状黏土、铁锰质黏土 | |
| | | 更新世 | | | | | | |
| 中生代 | 白垩纪 | 晚世 | | 公安寨组三段 | $K_2E_1g^3$ | >968 | 紫红色、褐黄色砂质砾岩与含砾砂岩，二者多呈互层状产出，局部夹角砾岩 | 紫红色、褐黄色砂质角砾岩，偶夹褐黄色砂质、钙泥质角砾岩 |
| | 古近纪 | | | 公安寨组二段 | $K_2E_1g^2$ | | 紫红色含砾长石砂岩、浅灰色含砾钙泥质长石砂岩，常夹砂质砾石透镜体 | |
| | | | | 公安寨组一段 | $K_2E_1g^1$ | $K_2E_1g$（未分） | 紫红色、褐红色砂质砾岩、紫红色含砾砂岩、钙泥质砂岩，局部夹微晶灰岩 | |
| 早古生代 | 志留纪 | | | 高桥岩组 | $Pz_1g$ | 2600 | 基性火山岩岩片：斜长角闪片岩、白云钠长片麻岩；超镁铁质岩岩片：斜长角闪片岩、蛇纹片岩、榴辉岩、硅质岩；碳酸盐岩片：石墨片岩、白云钠长片麻岩、白云（钠长）石英片岩，发育有斜长角闪片岩、榴辉岩透镜体；裂解（变质）岩片：白云钠长片麻岩、白云石英片岩 | |
| | 奥陶纪 | | | | | | | |
| | 寒武纪 | | | | | | | |
| 新元古代 | 震旦纪 | | | 黄麦岭岩组 | $Pt_3h$ | 176 | （含磷）白云钠长浅粒岩、（含黑云）白云钠长浅粒岩、含钙质铁锰质钠长变粒岩、含黑白云钠长变粒岩夹薄层白云钠长石英片岩、含白云母磷块岩、二云绿帘钠长石麻岩 | |
| | 南华纪 | | 红安岩群 | 七角山岩组 | $Pt_3q$ | 897 | 白云钠长片麻岩、二云（微斜）钠长片麻岩、二云（微斜）钠长浅粒岩、二云（微斜）钠长变粒岩、细粒闪长岩（脉）、白云绿帘钠长片麻岩、白云绿帘二长片麻岩 | |
| | 青白口纪 | | | 天台山岩组 | $Pt_3t$ | 1319 | 白云微斜钠长浅粒岩、含黑云白云钠长变粒岩、二长浅粒岩、含白云黑云母片岩、闪长岩（脉）、白云二长片麻岩、白云微斜钠长片麻岩、白云微斜钠长浅粒岩 | |

续表 2-1

| 地质时代 | | | 岩石地层单位 | | | 厚度/m | 主要岩性 |
|---|---|---|---|---|---|---|---|
| 代 | 纪 | 世 | 群 | 组（段） | 代号 | | |
| 古元古代 | 滹沱纪 | | 大别岩群 | 变粒岩-大理岩岩组 | $Pt_1DB^c$ | 687 | 含阳起石黑云钠长变粒岩（糜棱岩）、二云斜长变粒岩、浅粒岩、白云石大理岩、黑云斜长片麻岩、黑云斜长变粒岩、黑云角闪斜长片麻岩夹黑云斜长变粒岩、浅粒岩夹大理岩透镜体 |
| | | | | 片麻岩-含铁岩组 | $Pt_1DB^b$ | 942 | 磁铁浅粒岩（变晶糜棱岩）、黑云斜长片麻岩夹浅粒岩、磁铁石英角闪岩、斜长角闪岩、磁铁石英角闪岩、角闪黑云斜长片麻岩、角闪斜（二）长片麻岩、斜长角闪岩、角闪斜（二）长片麻岩、黑云角闪斜长变粒岩、角闪黑云斜长片麻岩夹磁铁浅粒岩 |
| | | | | 斜长角闪岩-片麻岩岩组 | $Pt_1DB^a$ | 368 | 斜长角闪岩、黑云斜长片麻岩夹斜长角闪岩、斜长角闪岩夹黑云斜长变粒岩、黑云斜长片麻岩、黑云斜长变粒岩（变晶糜棱岩）夹斜长角闪岩 |
| 新太古代 | 五台纪 | | | 木子店（岩）组 | $Ar_3m$ | >811 | 角闪黑云二长片麻岩、黑云斜长变粒岩、斜长角闪岩夹黑云二长变粒岩、磁铁石英岩、磁铁角闪岩、石英白云石大理岩。原岩为一套基性超基性、中酸性火山沉积岩、火山喷气化学沉淀的含铁岩石组合，具太古宙绿岩带物质组合特点 |

表 2-2 黄冈片区侵入岩序列表

| 地质时代 | | | 岩性 | 代号 |
| --- | --- | --- | --- | --- |
| 代 | 纪 | 世 | | |
| 中生代 | 白垩纪 | 早世 | 中粒二长花岗岩 | $K_1\eta\gamma$ |
| | | | 斑状中粒二长花岗岩 | $K_1\pi\eta\gamma$ |
| | | | 细粒正长花岗岩 | $K_1\xi\gamma$ |
| | | | 花岗斑岩 | $K_1\gamma\pi$ |
| | | | 中粒斑状黑云二长花岗岩 | $K_1\pi\beta\eta\gamma$ |
| | | | 粗粒黑云二长花岗岩 | $K_1\beta\eta\gamma$ |
| | | | 中粒黑云二长花岗岩 | $K_1\eta\gamma$ |
| | | | 细粒黑云二长花岗岩 | $K_1\beta\eta\gamma$ |
| | | | 细粒花岗闪长岩 | $K_1\gamma\delta$ |
| | | | 细粒石英二长闪长岩 | $K_1\eta\delta o$ |
| | 侏罗纪 | 晚世 | 斑状角闪二长花岗岩 | $J_3\pi\psi\gamma$ |
| | | 中世 | 斑状花岗闪长质片麻岩 | $J_2\pi\gamma\delta$ |
| | | | 斑状二长花岗质片麻岩 | $J_2\pi\eta\gamma$ |
| | | | 二长花岗质片麻岩 | $J_2\eta\gamma$ |
| 新元古代 | | | 二长花岗质片麻岩 | $Pt_3\eta\gamma$ |
| | | | 花岗闪长质片麻岩 | $Pt_3\gamma\delta$ |
| | | | 英云闪长质片麻岩 | $Pt_3\delta o$ |
| 古元古代 | | | 变辉长(绿)岩、辉长岩(斜长角闪岩)、基性岩 | $Pt_1\nu$ |
| | | | 超基性岩、(蚀变)角闪岩 | $Pt_1\Sigma$ |
| 新太古代 | | | 超基性岩、基性辉长岩 | $Ar_3\Sigma$、$Ar_3\nu$ |
| | | | 英云闪长质片麻岩、奥长花岗质片麻岩、花岗质片麻岩 | $Ar_3\gamma\delta$、$Ar_3\gamma\delta o$、$Ar_3\gamma o$ |

## 2.1.5 地质构造

鄂东北地区是大别山断块的一部分,地处大别山复背斜,核部为大别群,翼部为红安群,组成北西-南东方向的基底褶皱。该区与湖北省其他前寒武纪变质岩分布区相比有较独特的地质构造。区域内地壳不仅经历了前寒武纪剧烈变动,而且在中生代时曾剧烈"活化",新生代以来继续活动。北北东向、北东东向构造叠加于老的北西向构造之上。岩浆活动和混合岩化作用强烈且普遍,断裂密集,因而导致地壳中的热流密度和地温梯度值普遍高于省内其他前寒武纪变质岩区。

在大地构造上,鄂东北地区处于秦岭褶皱系桐柏-大别中间隆起大别山复背斜的次级构造——浠水褶皱束(四级构造单元)中。该褶皱束展现在浠水一带,总体形迹如下:在浠水以北,背斜、向斜轴线均向南凸出以致形成一个弧形构造带(关口弧形构造带);浠水西南,褶皱呈北西向至北北西向展布;褶皱束南缘,形成白垩纪红盆。按地质力学的观点,本区处于淮阳"山"字形构造前弧西翼内侧,受区域构造影响,区内主要构造线方向为北西向、北北西向、近东西向,其中以北西向和近东西向构造线为主。

2.1.5.1 新构造运动

鄂东北地区构造活动强烈,主要表现为岩浆活动强烈,导致褶皱、断层等发育(图2-6)。第四系以来,地壳运动仍以升降运动为主,山区抬升接受侵蚀,平原区下降接受沉积。

2.1.5.2 地震

大别山地区地震具有强度弱、频度低、震源浅的特点。据资料记载,鄂东北地区有感地震稀少,自1840年至2006年共发生有感地震14次,均在6级以下,震中最高烈度为Ⅵ度,最大震源深度为25km,最小震源深度小于5km,属浅源地震。

依据《建筑抗震设计规范》(GB 50011—2010)和《中国地震运动参数区划图》(GB 18306—2015),鄂东北地区地震动峰值水平加速度为$0.05g$,对应的地震基本烈度值为Ⅵ度。

## 2.1.6 水文地质

根据含水介质特征、地下水赋存条件和水动力特征,鄂东北地区地下水分为以下三大类型:松散岩类孔隙水、碳酸盐岩裂隙水、基岩裂隙水。

2.1.6.1 松散岩类孔隙水

松散岩类孔隙水主要分布在冲沟地带、长江等河流两岸的漫滩和一级阶地中,自上而下由第四系全新统冲洪积砂、砂砾石和亚砂土、砂、砂砾石层组成,厚度不等,一般为0~27m,地下水位埋深0.6~6m。上覆岩性为粉土、粉质黏土及粉砂,入渗条件好,地下水可直接接受大气降水补给,易遭受污染。地下水自阶地后缘向阶地前缘运移,排泄于河流。按水力性质,松散岩类孔隙水可分为孔隙潜水和孔隙承压水。前者多分布于长江等河流心滩和沟谷低洼处,富水性相差悬殊,位于长江心滩的单井涌水量可达1000~5000 $m^3/d$,位于沟谷低洼处单井涌水量仅为10~100 $m^3/d$,有些地方甚至低于10 $m^3/d$;后者多分布于长江、蕲河等河流两岸一级阶地,富水性亦有显著差异。位于阶地前缘的富水性好,由于含水层的厚度较大,故水量普遍较后缘丰富。根据富水性等级,松散岩类孔隙水富水性可分为中等和贫乏两级,其中中等级富水性又可细分两个富水亚级,即500~1000 $m^3/d$和100~500 $m^3/d$,贫乏富水性为10~100 $m^3/d$。

2.1.6.2 碳酸盐岩裂隙水

碳酸盐岩裂隙水主要分布在武穴、黄梅和蕲春一带。含水层由上震旦统、寒武系、奥陶系、石炭系、下二叠统、中下三叠统灰岩、白云质灰岩、硅质灰岩、含燧石灰岩、角砾状灰岩和大理岩组成。岩溶一般较发育,其中又以中下三叠统最发育,岩溶形态以溶蚀洼地、漏斗、溶洞为主,在标高-100m以下大部有地下水赋存。根据地下水含水层出露条件,该类裂隙水可分为裸露型和覆盖-埋藏型,其中覆盖-埋藏型地下水位接近地表或高出地表,具有承压性,富水性中等—强,钻孔单位涌水量100~500 $m^3/(d·m)$;裸露型地区常见泉水,泉流量相差大,一般单一涌水量10~100 $m^3/d$。地下水水化学类型一般以低矿化度重碳酸-钙型水或重碳酸-钙镁型水为主。

# 2 研究区概况

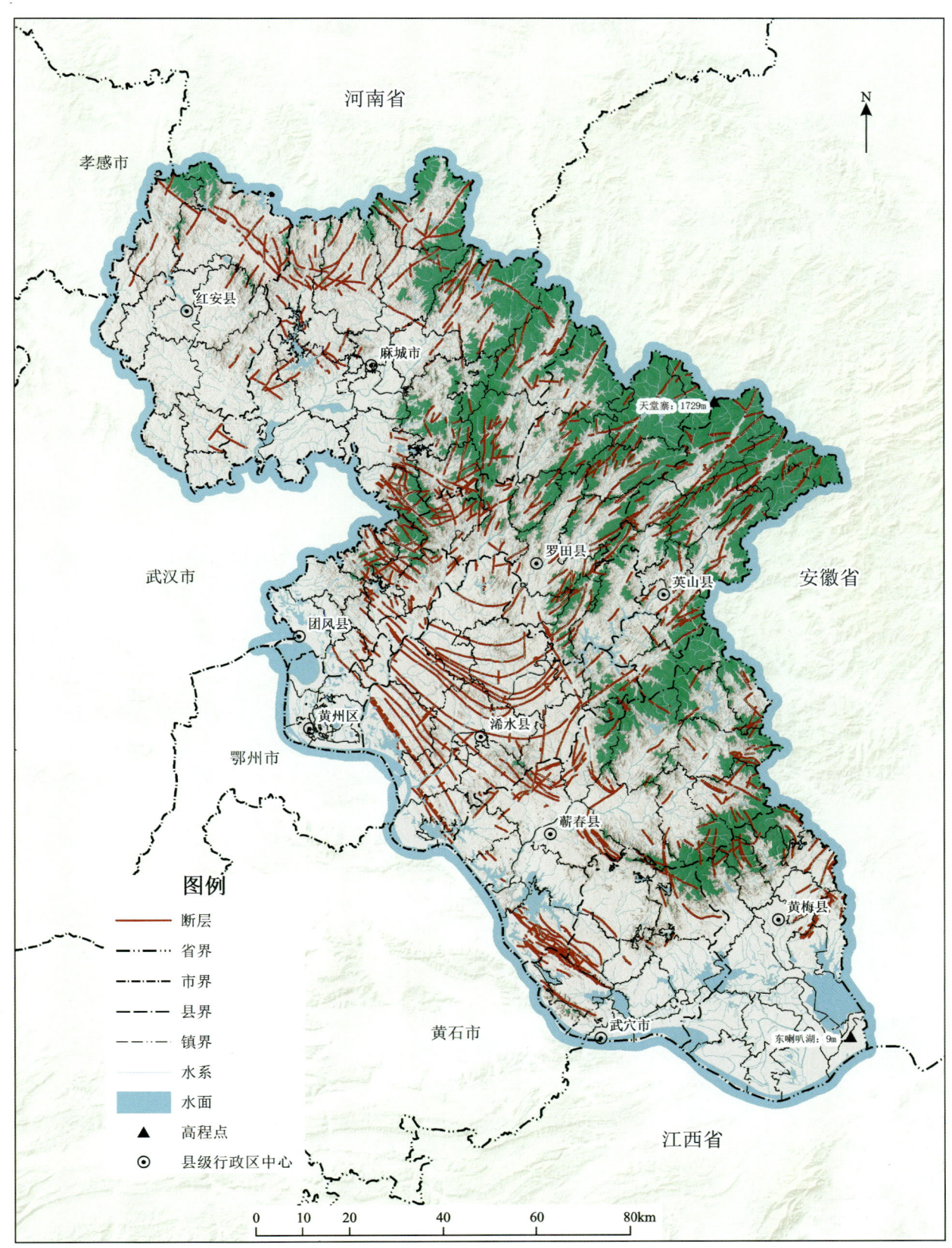

图 2-6 鄂东北地区地质构造图

### 2.1.6.3 基岩裂隙水

基岩裂隙水包括碎屑岩裂隙水、火成岩风化裂隙水、侵入岩风化裂隙水以及变质岩风化裂隙水。

**1. 碎屑岩裂隙水**

碎屑岩裂隙水含水岩组由三叠系蒲圻组、侏罗系香溪群及白垩系—古近系公安寨组组成，主要岩性为泥岩、粉砂岩、细砂岩、砂砾岩等，岩性复杂，厚度变化大，富水程度主要与岩石性质和裂隙发育程度关系密切。总体而言，该类型地下水的含水层埋深大体在地表以下 4.5~6m，厚度大于 50m，地下水位高出地表 1.25m 和埋入地下 2m 左右，具承压性。该类型地下水水量贫乏，泉流量一般小于 $10m^3/d$，单井涌水量小于 $20m^3/d$。

**2. 火成岩风化裂隙水**

火成岩风化裂隙水赋存于燕山期花岗岩及大别-吕梁期片麻状斑状花岗岩风化带中，区内仅木子店镇、龟山镇有小面积零星分布，富水性十分贫乏，泉流量一般小于 $5m^3/d$，属于弱富水岩组。

**3. 侵入岩风化裂隙水**

含水岩组由各时代侵入岩组成，岩性主要为二长花岗岩、花岗闪长岩、片麻杂岩及基性—超基性岩脉。该岩类风化带发育，强风化层厚度 5~10m，最厚为 10m，地下水主要赋存于风化裂隙中，含水性微弱，泉水流量大多小于 $10m^3/d$，局部在断裂带附近泉水流量可达 $100m^3/d$。

**4. 变质岩风化裂隙水**

变质岩风化裂隙水赋存于元古宇红安群以及太古宇大别群变质岩风化裂隙中，区内大面积分布，风化带厚度一般为 3~6m，最厚 15m。地下水储存于风化裂隙中，富水性弱，水量贫乏，泉流量一般小于 $10m^3/d$，含水量极不均一，流量悬殊，按富水等级属于弱富水岩组。

## 2.1.7 矿山生态环境问题突出

在 70 余年的矿山开采历程中，鄂东北地区露天非金属矿山在地质环境、地形地貌、矿土体与水资源及矿区生态环境等方面遭受了不同程度的破坏。

### 2.1.7.1 地质环境破坏

鄂东北地区露天非金属矿山开采过程中，通常会形成高度陡峭的岩质边坡，尤其是以花岗岩为主的建材矿山矿区大多形成了巨大采坑和近乎直立的掌子面。岩质边坡的高度和陡度使得植被生长困难，土壤保持能力较弱，从而影响生态环境的恢复和稳定。除此之外，矿山开采还导致零散岩块崩落，引发环境污染和安全风险，对周围生态系统和人类活动造成潜在威胁。

### 2.1.7.2 地形地貌破坏

在露天非金属矿山开采过程中，大量的土石被移动或挖掘，导致原生缓坡发生形变，有的地形因开采变得凹凸不平，有的则被改造成人工平台。特别是在废石堆积区域，堆积的废石会形成新的地形特征,改变原有的地貌格局。矿山开采引起的地表裸露和土壤移动增加了土壤被侵蚀的风险。此外,开采过程中可能会破坏地下水系统和地表水的自然流动路径,进一步影响土壤的稳定性。地形地貌的变化和土地覆盖的改变不仅影响了当地的自然景观,还对生态系统产生了深远影响。

#### 2.1.7.3 土地损毁

鄂东北地区矿山主要为建材矿,露采矿山采掘剥离对山体损毁严重,开采过程中导致土地资源损毁,主要是直接挖损土地及废石场(堆土场)、尾矿库等场地侵占土地。同时,采矿造成表土层挖损、土地硬化压占、土层剥离,使熟化土壤的团粒结构和理化性质遭到破坏,失去涵养植物的能力,自然状态下难以恢复原有土地功能。

#### 2.1.7.4 水资源破坏

区内矿山主要为非金属建材矿山,以露天开采为主,区内沟壑纵横,坡度陡峭,大别山腹地、岗地地区降雨量多在1400mm以上;岩层风化层厚,质地松散,抗冲蚀能力差;土壤质地多为砂壤,厚度较薄,含石砾较多,土壤侵蚀严重,受自然条件影响极易形成水土流失。矿山开发破坏植被与土壤层,使得植被和土壤层拦截、入渗蓄滞雨水能力降低,土壤极易被侵蚀而流失。同时,废弃矿山土地因采矿长期占用而荒废闲置,废弃地土层变薄,尾矿与排土场抗侵蚀能力差,加剧水土流失。

#### 2.1.7.5 生态退化

鄂东北地区矿山开采方式主要为露采,采矿属强烈的人为活动,开采、修路、开荒不断改变原有地形地貌,损害地表植被。鄂东北地区内矿山原有的生态系统以森林生态系统为主,草地、农田、湿地次之。新中国成立后,矿产资源开发由掠夺式发展到粗放式,森林、草地、农田、湿地等生态系统遭到严重破坏。随着生态文明建设的不断加强,生态环境问题受到重点关注,大别山国家级自然保护区及相关保护区确立后,鄂东北地区的植被破坏与生物多样性问题得到了一定的控制,但因矿山开采造成的植被破坏,对生态系统连通性的影响仍一直存在,原有破坏程度较大,自然恢复较缓慢。

## 2.2 矿产资源及矿山分布特征

### 2.2.1 矿产资源类型

#### 2.2.1.1 矿产资源丰富,优势矿产明显

截至2023年底,鄂东北地区已发现矿产49种,其中已查明资源储量矿产32种,包括能源矿产2种,黑色金属矿产4种,有色金属矿产7种,贵金属矿产2种,分散元素矿产2种,冶金辅助原料矿产3种,化工原料非金属矿产3种,建筑材料及其他非金属矿产9种,其余17种矿产资源量尚未查明。地热、水泥用灰岩、饰面用花岗岩、熔剂用白云岩、建筑石料用灰岩等矿产资源丰富,是鄂东北地区的优势资源,开发利用程度较高,为矿业开发的支柱矿种。萤石、脉石英、长石、大理岩、金红石等矿产有较大的

资源潜力,其他矿种的资源总量有限。

截至2023年底,鄂东北地区已发现矿区(床)485处,包括查明资源储量的上表(湖北省矿产资源储量表)矿区(床)130处(含共伴生矿产35处)。未上表的包括经市县自然资源部门评审备案,有资源储量的矿区(床)128处(含共生矿产3处),矿产资源潜力评价预测资源量的矿区31,未查明资源储量的矿区196处。

上表矿区保有资源储量全省排名中,鄂东北地区的金红石砂、萤石、冶金用脉石英、玻璃用脉石英、透闪石、水泥用大理岩、饰面用花岗岩、建筑石料用灰岩8种矿产居首位。

#### 2.2.1.2 以非金属矿产为主,主要矿产集中度高

鄂东北地区非金属矿以建材、化工及部分冶金辅料矿产为主,其中水泥用灰岩查明资源量97 281.82×10$^4$ t;长石矿查明资源量474.92×10$^4$ t;冶金用白云岩查明资源量1 926.60×10$^4$ t;化肥用蛇纹岩查明资源量6 314.70×10$^4$ t;磷矿查明资源量2 218.61×10$^4$ t;石膏矿查明资源量58 728.90×10$^4$ t;脉石英查明资源量6 52.89×10$^4$ t;饰面用花岗岩、饰面用片麻岩等资源储量大,遍布全区。鄂东北地区石灰岩、饰面石材、建筑用石料等主要矿产的80%以上资源储量为大中型矿区(床),集中度较高,有利于建立较完备的、规模化的矿业及矿产加工业体系。已发现的矿产中,地热、饰面石材、玻璃用硅质原料、白云岩和石灰岩等矿产资源储量较大,开发利用条件好,市场前景广阔;冶金辅助原料类矿产有良好的发展前景。

### 2.2.2 矿山主要特点

露天非金属矿山经历20世纪50年代以服务建筑材料工业为主的初期发展阶段和20世纪80年代开始的振兴与快速发展阶段。20世纪90年代到2010年间,鄂东北地区出现了数以千计的小型露天非金属矿山,除极少数成规模开采外,绝大部分均是在管理、生产等方面未成形的小型非金属矿山,其中不乏以村组或居民个体开采的矿山。在此背景下,该时期出现的采石场在施工技术缺乏规范性以及大规模的透支性开采条件下,呈现出"多(数量多)、小(规模小)、散(分布分散)、远(距城镇远)"的特点。

#### 2.2.2.1 数量多

根据鄂东北地区各县(市、区)矿产资源总体规划(2021—2025年)及历史遗留废弃矿山名录,区内登记在册的矿山共有988座,其中金属矿山25座,非金属矿山963座。非金属矿山中,历史遗留废弃矿山801座,在建矿山163座,区内的历史遗留废弃矿山面积达832.94hm²,为湖北省之最,约占鄂东北地区总面积的1/3。详细情况见表2-2、图2-7。

表2-2 鄂东北地区矿山数量统计表　　　　　单位:座

| 序号 | 县(市、区) | 废弃关闭矿山 | 在建矿山 | 矿山总数 |
|---|---|---|---|---|
| 1 | 黄州区 | 17 | 0 | 17 |
| 2 | 团风县 | 74 | 21 | 95 |
| 3 | 红安县 | 149 | 20 | 169 |
| 4 | 麻城市 | 81 | 14 | 95 |

## 2 研究区概况

续表 2-2

| 序号 | 县(市、区) | 废弃关闭矿山 | 在建矿山 | 矿山总数 |
|---|---|---|---|---|
| 5 | 英山县 | 34 | 18 | 52 |
| 6 | 罗田县 | 85 | 4 | 89 |
| 7 | 浠水县 | 104 | 12 | 116 |
| 8 | 蕲春县 | 107 | 47 | 154 |
| 9 | 黄梅县 | 73 | 3 | 76 |
| 10 | 武穴市 | 77 | 23 | 100 |
|  | 合计 | 801 | 162 | 963 |

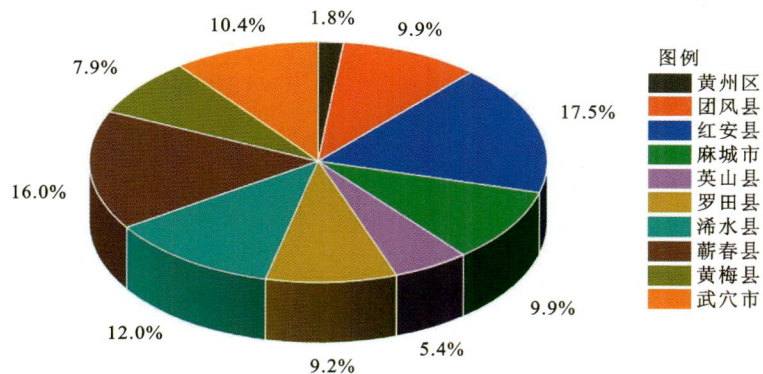

图 2-7 鄂东北地区各县(市、区)矿山占比统计图

### 2.2.2.2 规模小

**1. 在建矿山**

根据《关于调整部分矿种矿山生产建设规模标准的通知》(国土资发〔2004〕208 号)文件,对鄂东北地区优势非金属矿产的矿山(单个矿种矿山数量≥3 座)生产规模进行划分,结果见表 2-3。

表 2-3 鄂东北地区优势非金属矿种矿山生产规模统计表

| 序号 | 矿种类别 | 规模划分 | 数量/座 |
|---|---|---|---|
| 1 | 饰面用花岗岩 | 大型 | 12 |
|  |  | 中型 | 1 |
|  |  | 小型 | 28 |
| 2 | 建筑用花岗岩 | 大型 | 0 |
|  |  | 中型 | 2 |
|  |  | 小型 | 15 |

续表 2-3

| 序号 | 矿种类别 | 规模划分 | 数量/座 |
| --- | --- | --- | --- |
| 3 | 建筑用片麻岩 | 大型 | 10 |
| | | 中型 | 11 |
| | | 小型 | 14 |
| 4 | 建筑石料用灰岩 | 大型 | 0 |
| | | 中型 | 0 |
| | | 小型 | 11 |
| 5 | 长石 | 大型 | 0 |
| | | 中型 | 1 |
| | | 小型 | 9 |
| 6 | 建筑用大理岩 | 大型 | 1 |
| | | 中型 | 1 |
| | | 小型 | 3 |
| 7 | 玻璃用脉石英 | 大型 | 0 |
| | | 中型 | 0 |
| | | 小型 | 5 |
| 8 | 萤石(普通) | 大型 | 0 |
| | | 中型 | 0 |
| | | 小型 | 6 |
| 9 | 地热 | 大型 | 2 |
| | | 中型 | 1 |
| | | 小型 | 0 |
| 10 | 熔剂用灰岩 | 大型 | 2 |
| | | 中型 | 1 |
| | | 小型 | 0 |
| 11 | 饰面用片麻岩 | 大型 | 0 |
| | | 中型 | 0 |
| | | 小型 | 3 |
| 12 | 水泥用灰岩 | 大型 | 3 |
| | | 中型 | 0 |
| | | 小型 | 0 |
| 13 | 重晶石 | 大型 | 0 |
| | | 中型 | 0 |
| | | 小型 | 3 |

根据统计结果,鄂东北地区优势非金属矿产的矿山规模以小型为主,其中规模为大型的占比20.69%,中型的占比12.41%,小型的占比66.90%。

**2. 历史遗留废弃矿山**

受鄂东北地区历史遗留废弃矿山的开采规模统计数据不详的影响,本书仅以面积对其进行划分。鄂东北地区历史遗留废弃矿山平均投影面积4.14hm²,面积最大的为黄梅县独山镇尤詹村采石场,面积98.22hm²。鄂东北地区各县(市、区)历史遗留废弃矿山面积分布见图2-8。

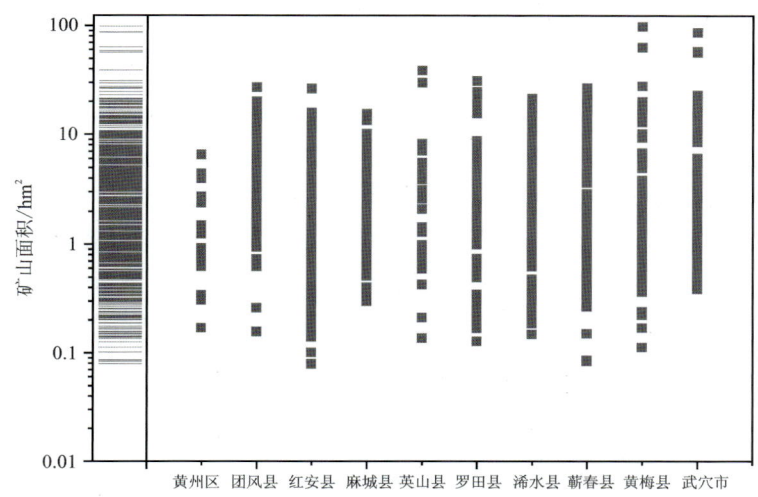

图2-8 鄂东北地区各县(市、区)历史遗留废弃矿山面积分布图

根据统计结果,鄂东北地区历史遗留废弃矿山面积大都小于20hm²,将面积范围进一步细分后,统计结果见图2-9。

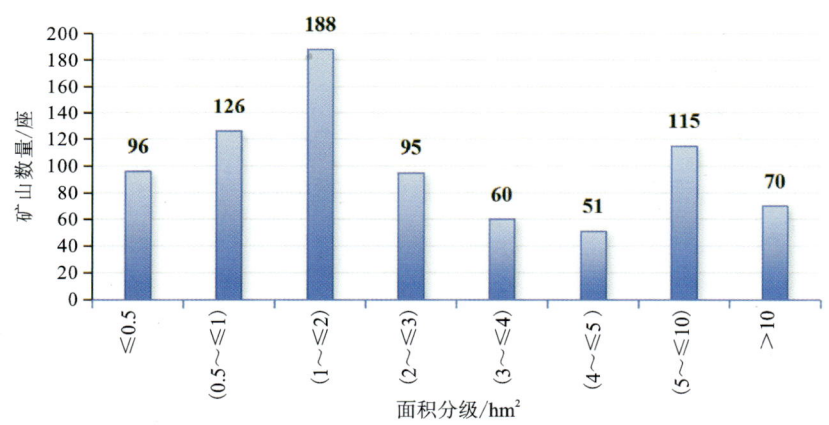

图2-9 历史遗留废弃矿山面积分级统计图

### 2.2.2.3 分布分散

将鄂东北地区在册露天非金属矿山细分为历史遗留废弃矿山和在建矿山分别进行统计,各县(市、区)矿山占比情况见图2-10和图2-11。

根据统计结果,黄州区、英山县的历史遗留废弃矿山分布较少,分别占2.1%、4.2%,其余县(市、区)分布数量无明显优势。黄州区无在建矿山分布;黄梅县、罗田县的在建矿山分布相对较少,分别占

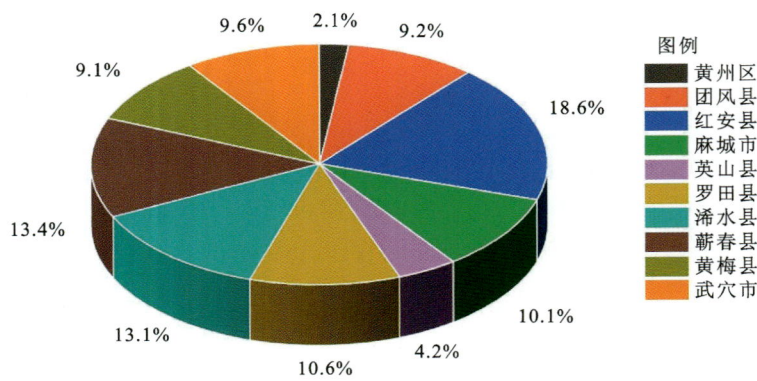

图 2-10 鄂东北地区各县(市、区)历史遗留矿山占比统计图

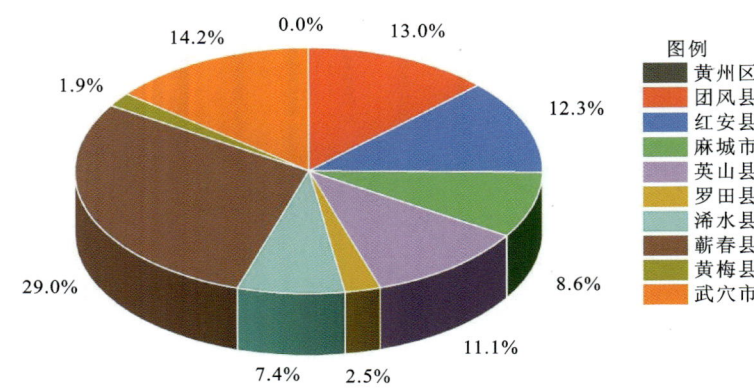

图 2-11 鄂东北地区各县(市、区)在建矿山占比统计图

1.9%、2.5%;蕲春县的在建矿山分布最多,占比达29.0%;其余县(市、区)分布较为均衡。

#### 2.2.2.4 距城镇远

在前期无序发展过程中,矿山开采地普遍距城镇远。随着经济和城乡建设的进一步发展,在城镇内或紧邻城镇的矿山通过"长江大保护""雷霆行动"等项目的实施,得到了良好的修复,或转换用途改建为工业园区、加工厂等,目前大都已完成了矿山图斑的销号工作,现状下未修复的矿区离城镇距离相对较远。

### 2.2.3 矿产资源分布

根据最新统计数据,截至2024年6月,鄂东北地区露天非金属矿山共有963座,其中在建矿山162座,废弃关闭矿山801座(表2-2)。按统计,非金属矿产资源主要集中在红安、蕲春、浠水和武穴等地,最多的为红安县(169座),最少的为黄州区(17座)。

#### 2.2.3.1 黄州区矿山分布情况

黄州区现有露天非金属矿山17座,均为历史遗留废弃矿山,主要分布在区东北部。矿山类型以建筑用片麻岩矿山为主,其次为饰面用花岗岩、饰面用片麻岩等矿山(图2-12)。

## 2 研究区概况

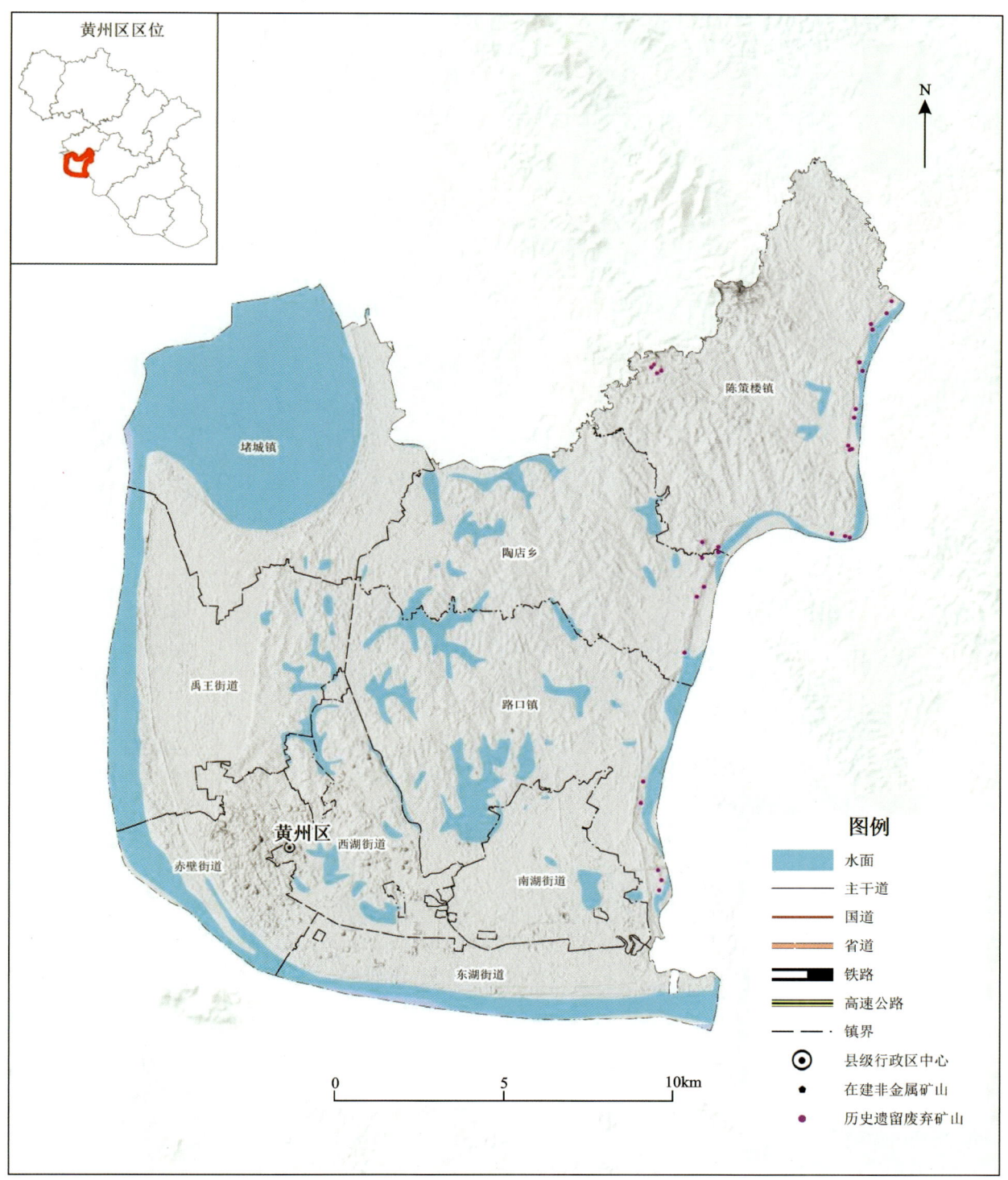

图 2-12 黄州区矿产资源分布图

#### 2.2.3.2 团风县矿山分布情况

团风县现有露天非金属矿山 95 座,其中在建矿山 21 座,历史遗留废弃矿山 74 座,主要分布在县中部、北部和东部。矿山类型以建筑用片麻岩矿山为主,其次为饰面用花岗岩、饰面用片麻岩等矿山(图 2-13)。

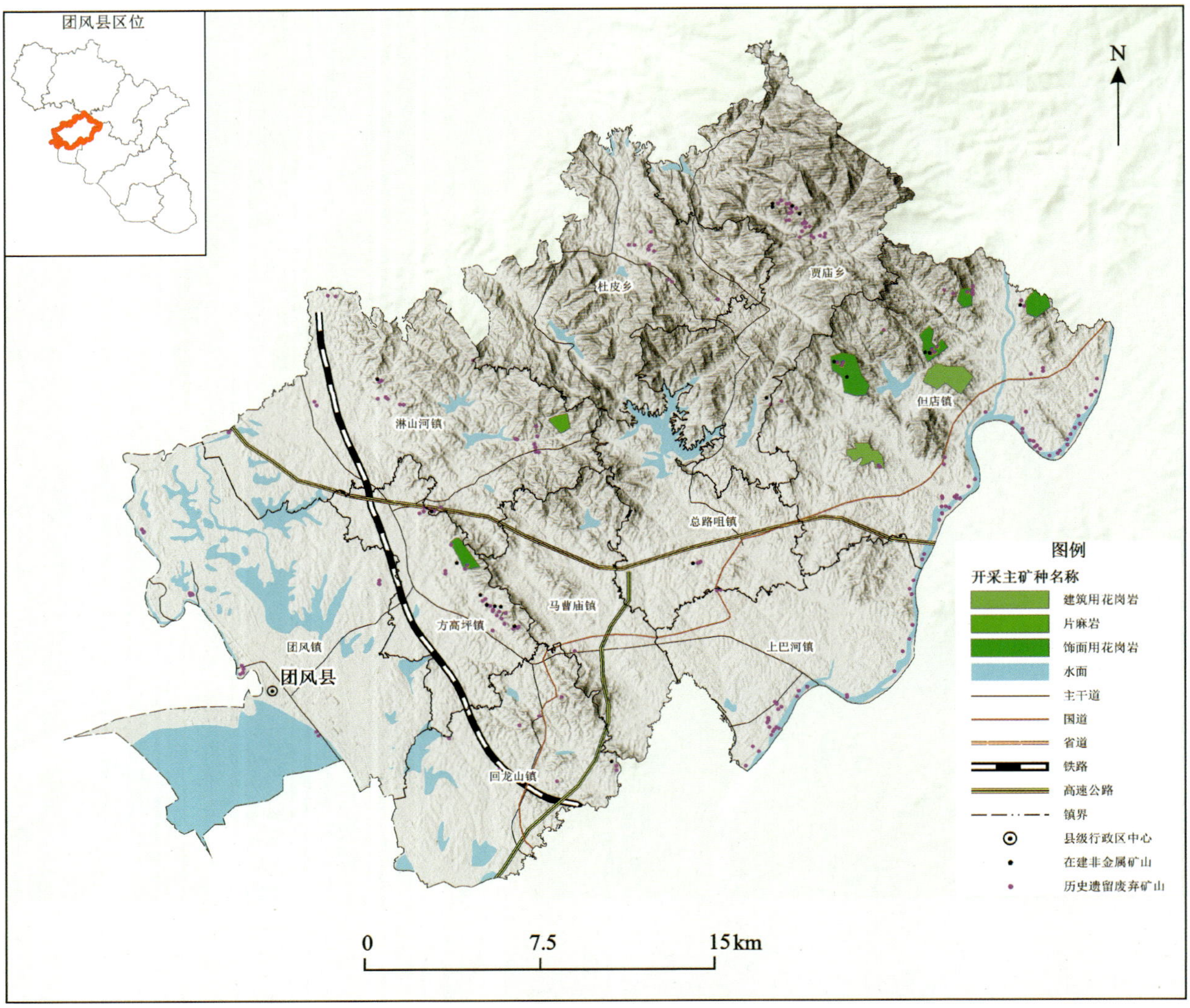

图 2-13 团风县矿产资源分布图

#### 2.2.3.3 红安县矿山分布情况

红安县现有露天非金属矿山 169 座,其中在建矿山 20 座,历史遗留废弃矿山 149 座,主要分布在县中北部和中南部。矿山类型以建筑用片麻岩矿山为主,其次为萤石、重晶石等矿山(图 2-14)。

#### 2.2.3.4 麻城市矿山分布情况

麻城市现有露天非金属矿山 95 座,其中在建矿山 14 座,历史遗留废弃矿山 81 座,主要分布在市中部。矿山类型以饰面用花岗岩矿山为主,其次为片麻岩矿山(图 2-15)。

## 2 研究区概况

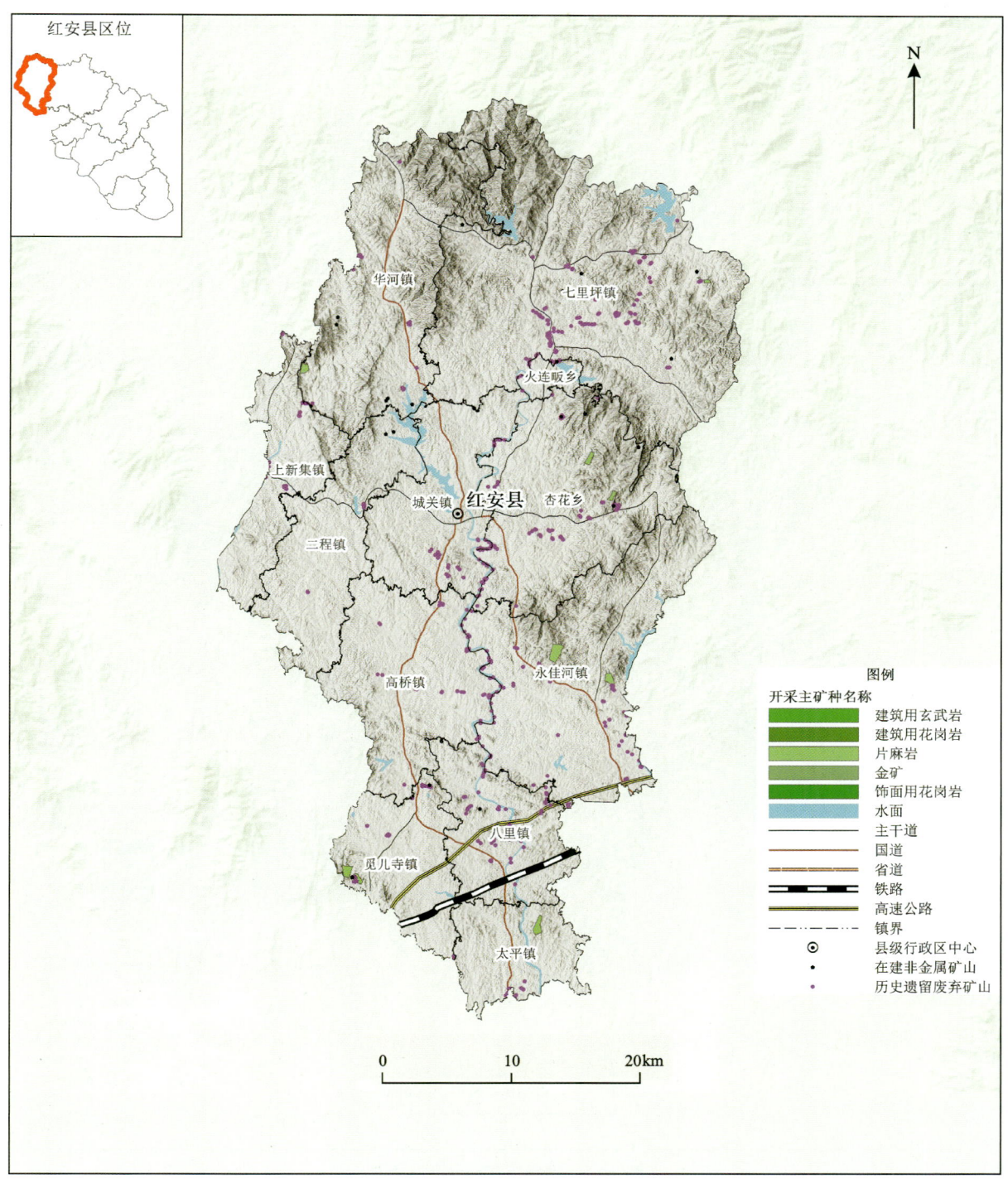

图 2-14 红安县矿产资源分布图

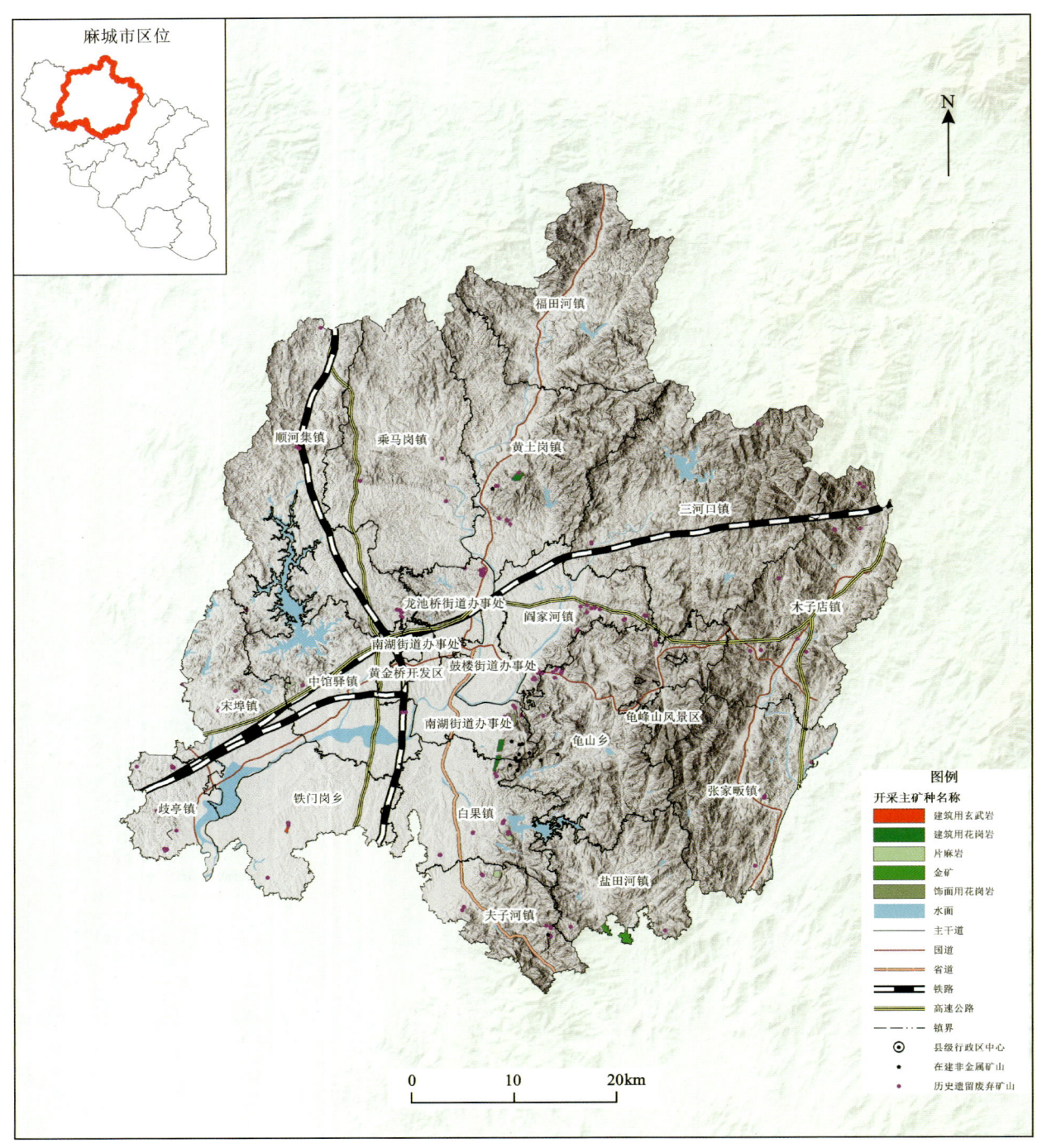

图 2-15　麻城市矿产资源分布图

## 2 研究区概况

### 2.2.3.5 英山县矿山分布情况

英山县现有露天非金属矿山52座，其中在建矿山18座，历史遗留废弃矿山34座，主要分布在县中部、南部。矿山类型以片麻岩的矿山为主，其次为长石矿山等（图2-16）。

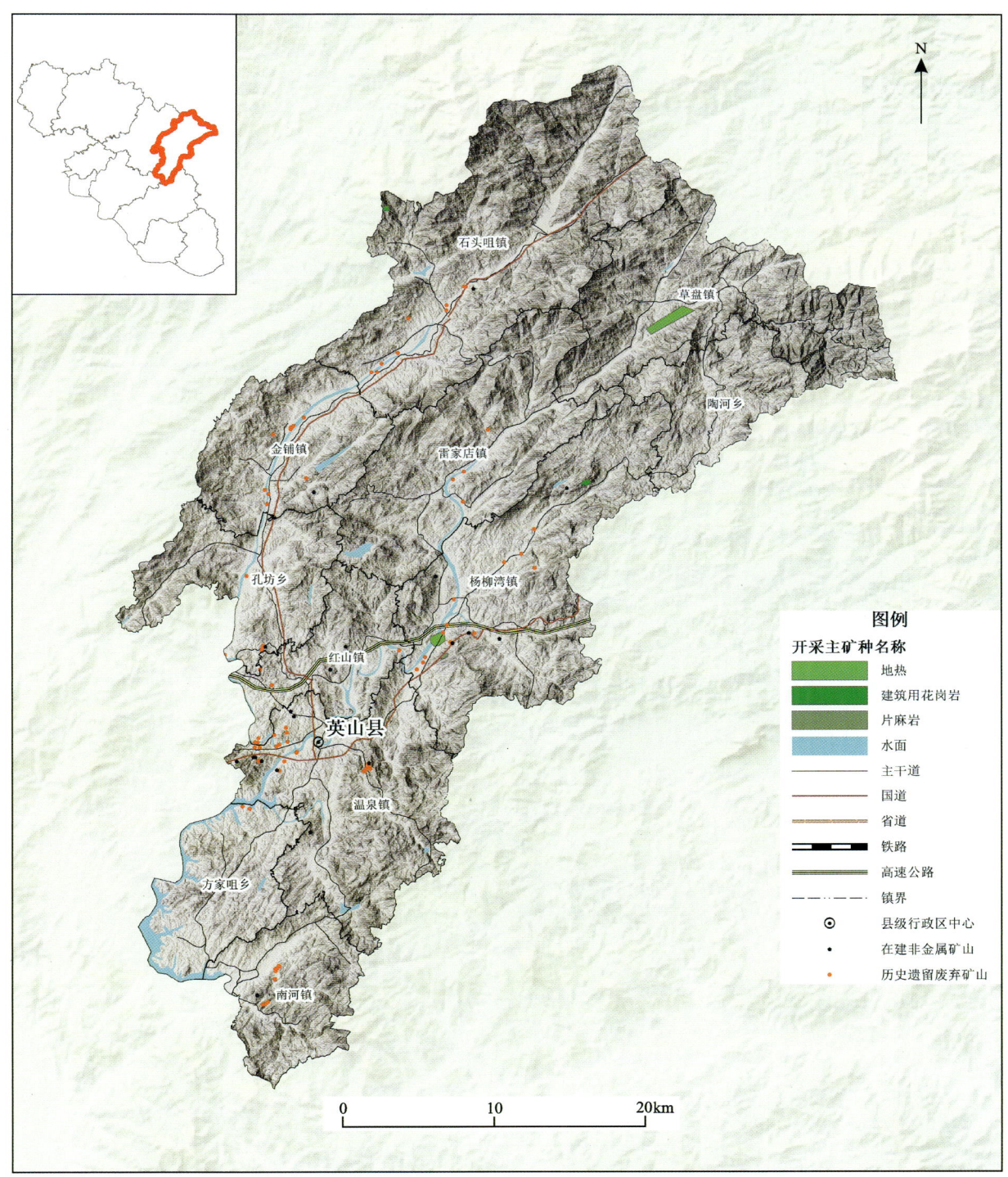

图2-16 英山县矿产资源分布图

### 2.2.3.6 罗田县矿山分布情况

罗田县现有露天非金属矿山89座,其中在建矿山4座,历史遗留废弃矿山85座,主要分布在县西南部及北部。矿山类型以花岗岩矿山为主,其次为饰面用片麻岩矿山等(图2-17)。

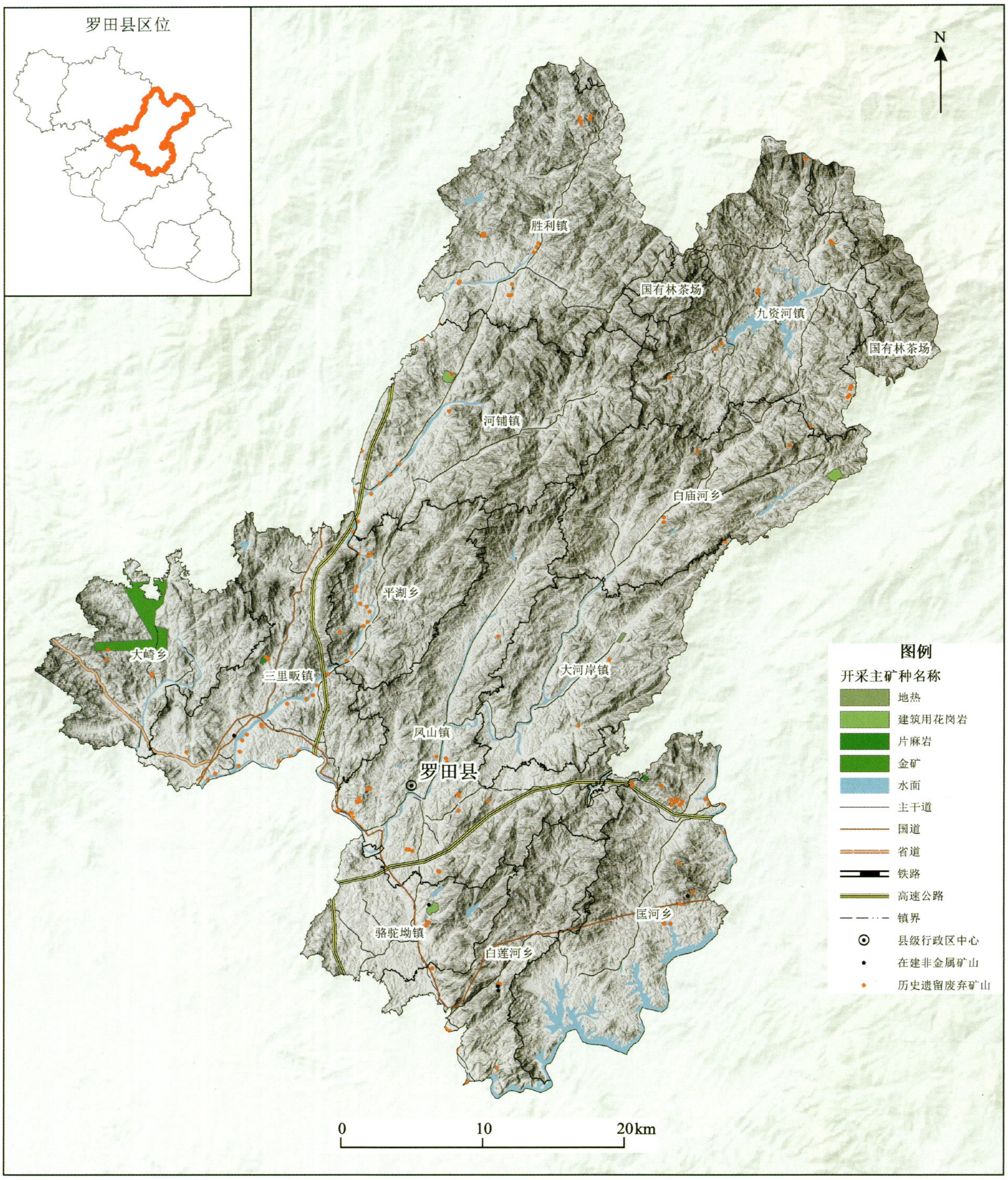

图2-17 罗田县矿产资源分布图

## 2.2.3.7 浠水县矿山分布情况

浠水县现有露天非金属矿山 116 座,其中在建矿山 12 座,历史遗留废弃矿山 104 座,主要分布于县中部和西北部。矿山类型以花岗岩的矿山为主,其次为建筑用花岗岩、片麻岩等矿山(图 2-18)。

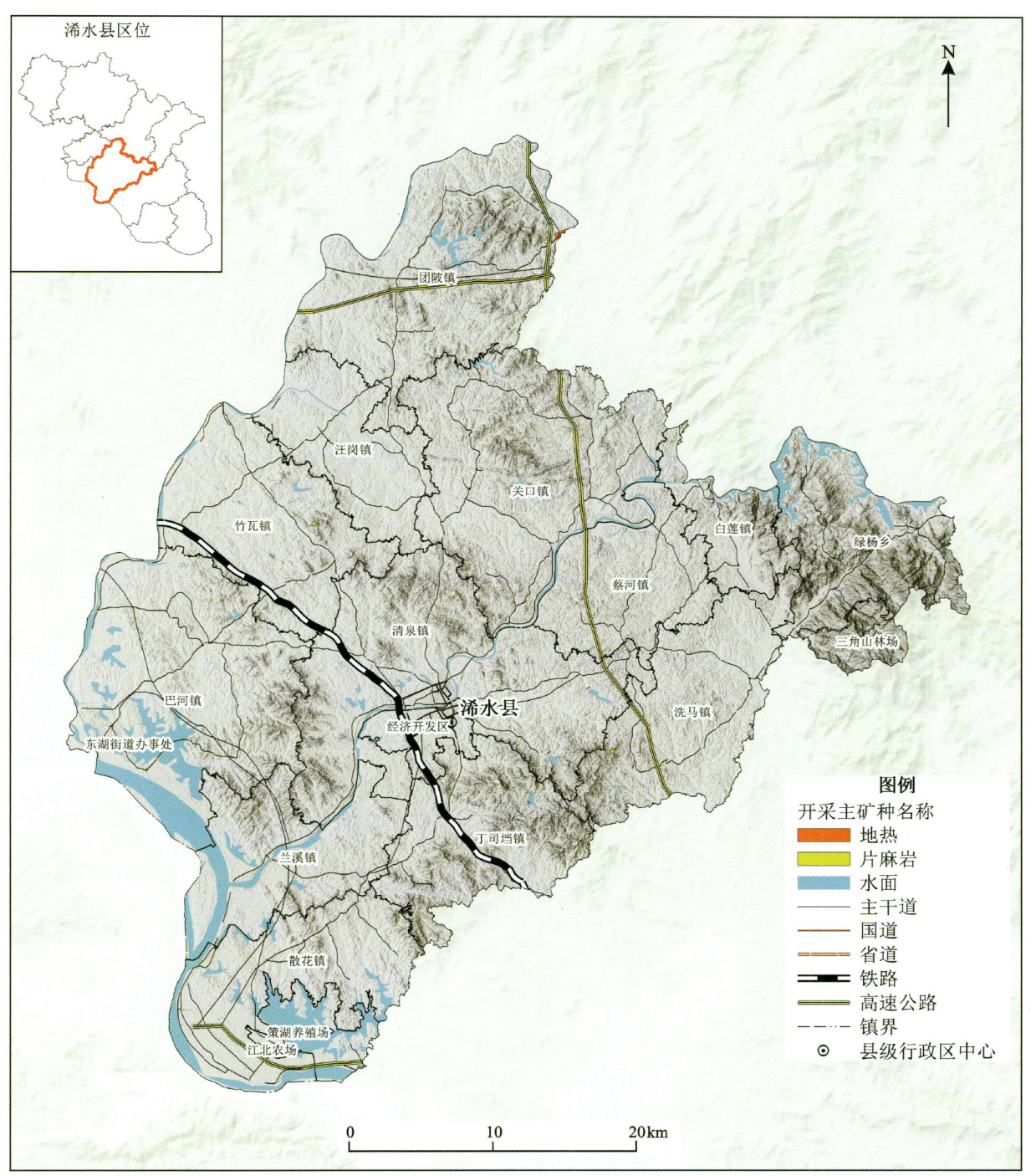

图 2-18 浠水县矿产资源分布图

### 2.2.3.8 蕲春县矿山分布情况

蕲春县现有露天非金属矿山 154 座,其中在建矿山 47 座,历史遗留废弃矿山 107 座,主要分布在县中南部和中北部。矿山类型以建筑用花岗岩矿山为主,其次为饰面用花岗岩、玻璃用脉石英、建筑用片麻岩等矿山(图 2-19)。

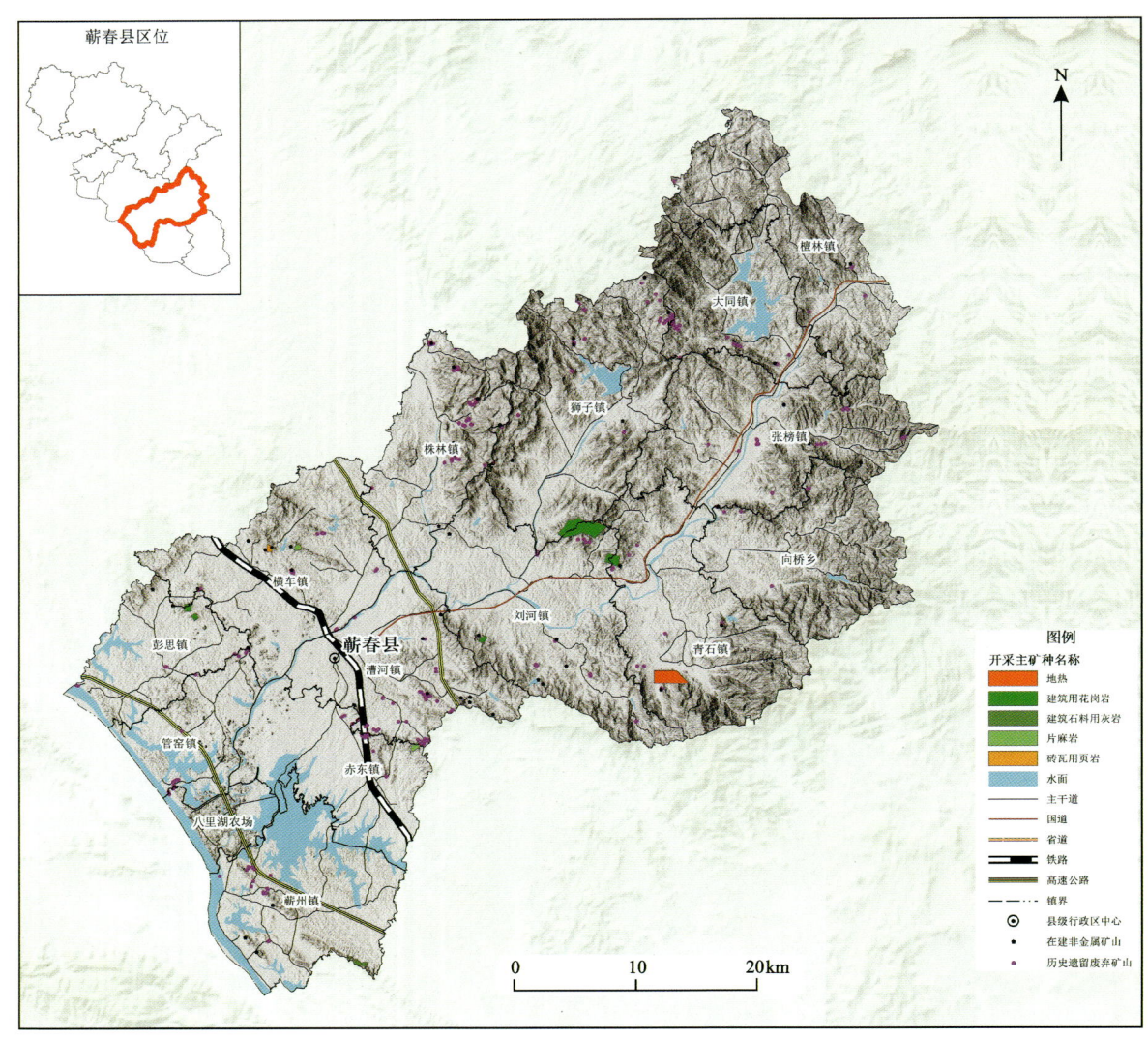

图 2-19 蕲春县矿产资源分布图

### 2.2.3.9 黄梅县矿山分布情况

黄梅县现有露天非金属矿山 76 座,其中在建矿山 3 座,历史遗留废弃矿山 73 座,主要分布在县北部。矿山类型以砖瓦用页岩矿山为主,其次为石膏岩矿山(图 2-20)。

## 2 研究区概况

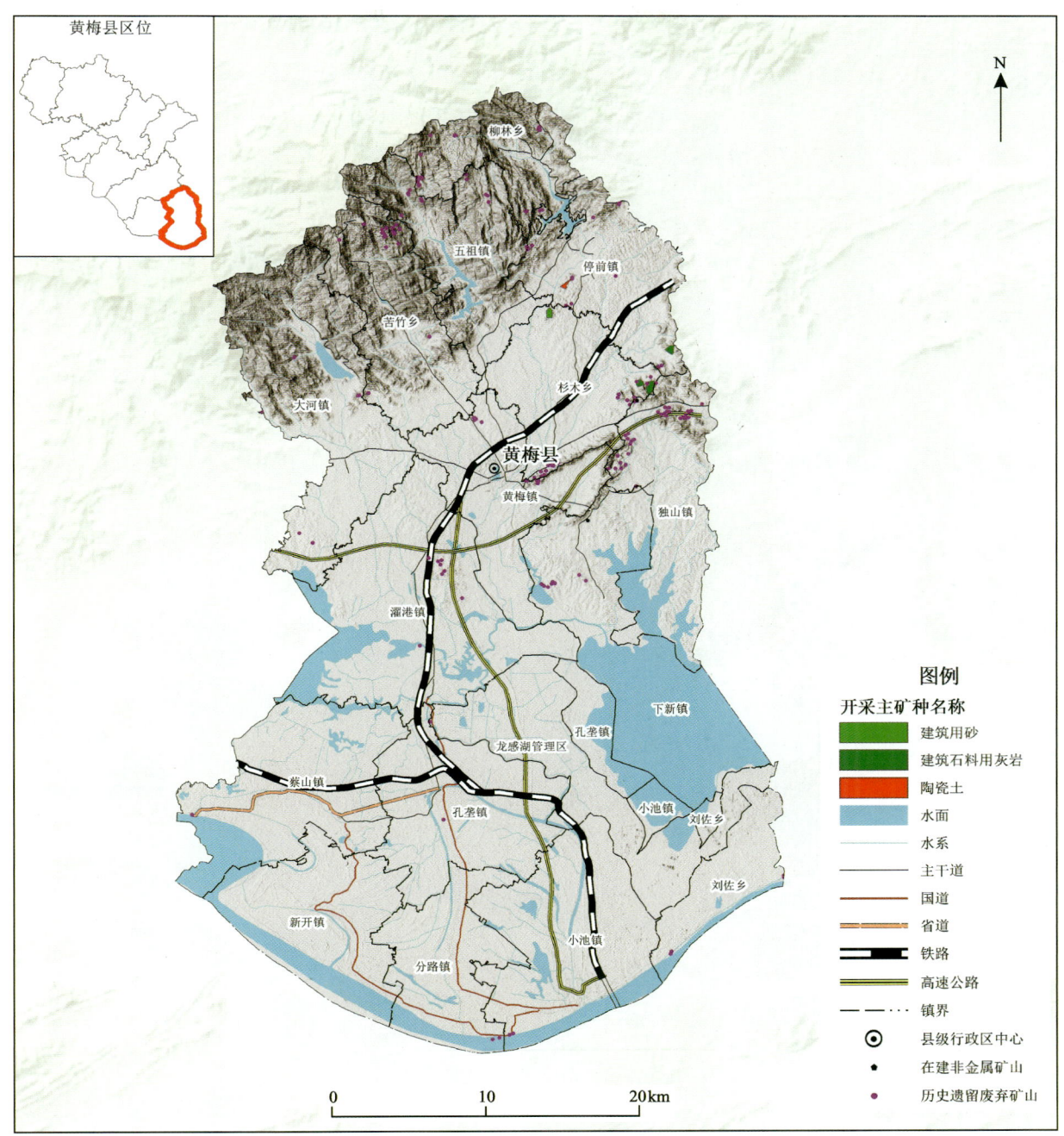

图 2-20 黄梅县矿产资源分布图

### 2.2.3.10 武穴市矿山分布情况

武穴市现有露天非金属矿山 100 座，其中在建矿山 23 座，历史遗留废弃矿山 77 座，主要分布在武穴市西南部和中北部。矿山类型以建筑石料用灰岩矿山为主，其次为水泥用灰岩、制灰用灰岩、熔剂用灰岩等矿山（图 2-21）。

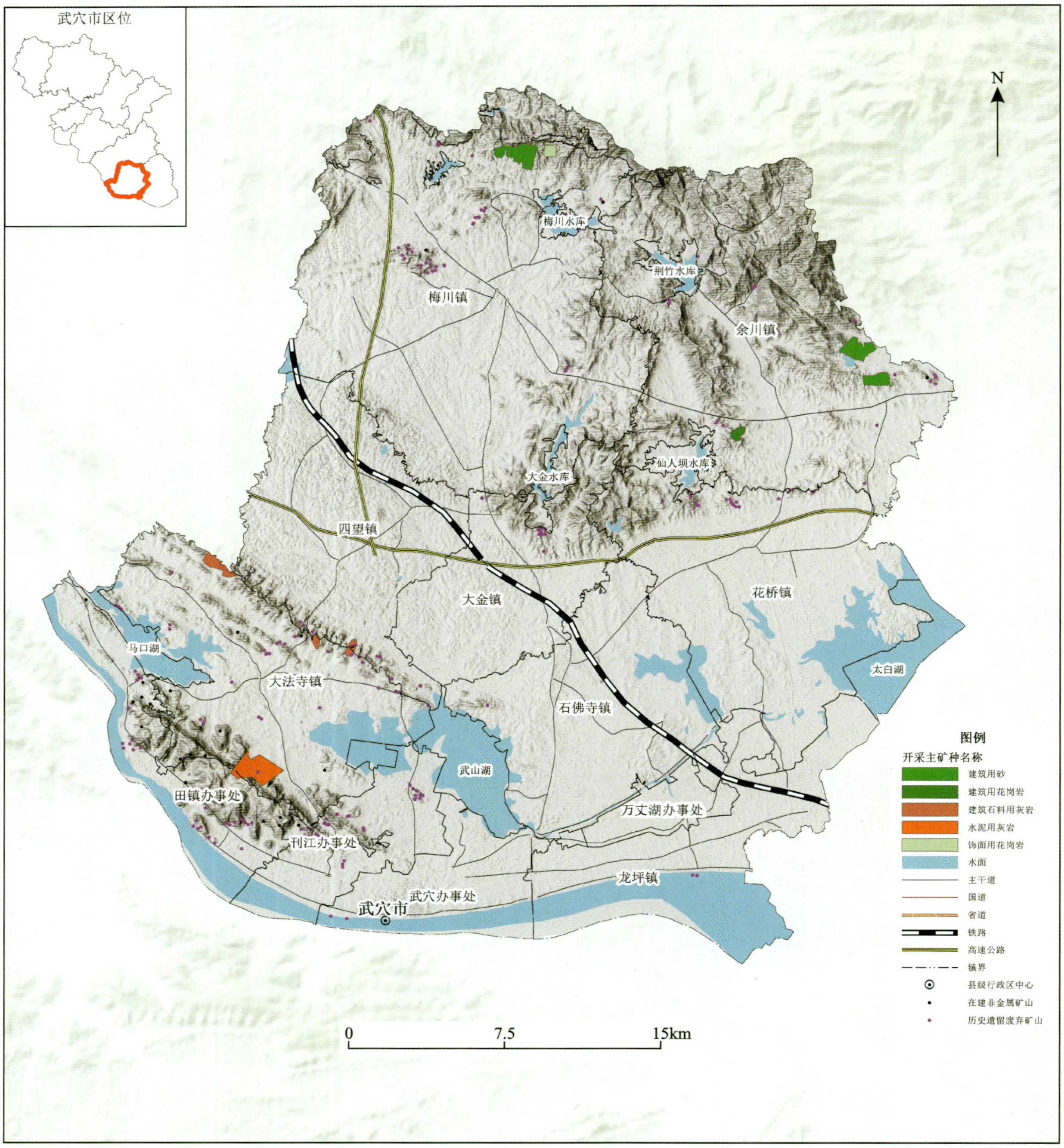

图 2-21 武穴市矿产资源分布图

## 2.3 露天非金属矿山开采情况

### 2.3.1 露天非金属矿山开采历史

新中国成立以前,非金属矿产资源的开发和应用一直处于落后状态,仅有一些小型非金属矿山,且多由地方和私人经营,手工作业产品长期处于"有销就采、无销就停"的状态。新中国成立后,非金属矿业才逐步恢复和发展起来。20世纪50年代至今,鄂东北地区的露天非金属矿业发展大体可划分为以下3个阶段。

#### 2.3.1.1 矿产资源服务国民经济的初期发展阶段

鄂东北地区的露天非金属矿业起步于20世纪50年代。在当时的计划经济体制下,相当一段时间是把非金属矿作为基础工业的初级矿产原料产业,该时期内开采的主体为政府,规模多为小型,以碎石矿为主,开发方式以机械和爆破为主,对环境破坏较大。

#### 2.3.1.2 矿产资源"重开发和轻保护"的快速发展阶段

改革开放后,我国矿业开发进入快速发展阶段。在这个阶段,矿山开发的主要特点为"重开采、轻修复"。黄冈市矿业活动蓬勃发展,因资源禀赋特点,矿业开发以露天非金属矿山开采为主,分为饰面用石材和碎石矿,矿山开采逐步形成了以矿物原料找矿、采矿、选矿、加工建材制品的短链型工业,总体生产粗放,矿石量快速增加,但矿山分散、设备落后、小矿多、环境条件差,矿产品质量、品种、经济价值都停留在较低水平。该时期鄂东北地区形成了以武穴市灰岩矿、麻城市饰面用花岗岩矿等矿业开发为主的新格局。此阶段矿业开发促进了地方经济发展,但在矿山开采过程中忽视了对地质环境的保护,导致环境破坏严重。

#### 2.3.1.3 矿产资源开发和保护并重的可持续发展新阶段

随着时代发展,人民对美好人居环境的向往逐渐强烈,国家对生态环境保护日益重视,在这个阶段,黄冈市加强对矿产资源行业的管理,黄冈市政府启动了矿山生态修复"雷霆行动"等多项强有力的措施,关停了一大批破坏环境的矿山。这一阶段形成了大量的废弃关闭矿山。同时,矿产资源管理规范后,非金属矿产产业集群发展加快、产业结构开始优化、技术装备水平不断提升、绿色矿山建设初见成效、各级政府高度重视、产业政策不断出台。鄂东北地区的优势矿产形成了多个以白鸭山为首的饰面用花岗岩、(水泥用、制灰用、熔剂用)灰岩等矿山。该时期内矿产资源开发和保护重得到高度重视,针对废弃关闭矿山也投入了大量资金进行恢复治理,部分历史遗留的矿山环境问题永久消除,周边居民人居环境大幅改善。

### 2.3.2 露天非金属矿山开采模式

鄂东北地区矿山的开采模式主要有爆破、机械开凿、机械切割等,早期各地矿山开采均以爆破为主,导致此期间内的矿产成料只能主要用于工程建设。随着工业水平的发展,逐步出现并完善了机械开凿、机械切割等工艺在矿山开采中的使用,尤其以饰面用花岗岩、饰面用片麻岩等矿山最为突出。

### 2.3.3 露天非金属废弃矿山规模

据统计,按在建矿山矿山年生产规模进行分类,鄂东北地区优势非金属矿产规模以小型为主,其中大型占比20.69%,中型占比12.41%,小型占比66.90%。按历史遗留废弃矿山投影面积进行分级,鄂东北地区优势非金属矿产投影面积均小于100hm$^2$,平均面积仅4.13hm$^2$,以小型为主。

## 2.4　露天非金属矿山生态修复工作

### 2.4.1　前期工作开展情况

#### 2.4.1.1　出台矿山生态修复政策

鄂东北地区各级政府及相关部门始终积极贯彻落实习近平总书记提出的"共抓大保护、不搞大开发"的指示精神,始终坚持"绿水青山就是金山银山"的发展理念,坚持把生态文明建设作为战略性、全局性的重点工作来抓,近年来扎实推进区内矿山修复治理工作:

一是以规划为引领,编制完成《黄冈市国土空间总体规划(2021—2035年)》及国土空间生态修复、矿山地质环境恢复治理、地质灾害防治规划等,积极开展生态修复攻坚提升行动,探索建立全市统筹、系统治理的生态修复体系。

二是结合湖北省自然资源厅等部门新修订的《湖北省矿山环境治理恢复基金管理办法》,制定矿山地质环境治理恢复基金使用监管协议,为强化矿山地质环境治理恢复与土地复垦基金使用监管、矿山企业矿山地质环境保护和土地复垦主体责任落实提供更有效、更精准的重要抓手。

三是有力消减存量、有效遏制增量,多措并举持续打好蓝天碧水净土保卫战。一方面,近年来因采矿权整合需要,辖区内因采矿权长期逾期未延续、触及生态红线等政策合规问题,已依法关闭注销矿山企业75家,减少因矿山开采产生的生态环境破坏。另一方面,为促进全市矿业转型与绿色发展,结合实际,黄冈市印发了《黄冈市推进绿色矿山建设工作方案》(黄政办函〔2022〕24号),将绿色矿山发展示范区作为矿产资源管理制度改革创新平台,着力发挥政府引导作用,推动技术创新、管理创新和制度创新,集中连片、整体推动全域绿色矿山建设。当前,有7家矿山企业成功申报并纳入了全国绿色矿山名录,黄冈市武穴市已成功申报为全国50个绿色矿业发展示范区之一,推动矿山生态修复工作。

#### 2.4.1.2　落实矿山生态修复治理工作

近年来,鄂东北地区统筹推进生态环境和矿山修复治理。一是开展长江大保护"雷霆行动",2018—2020年,黄冈市连续3年累计完成了80个废弃矿山的恢复治理,复绿面积6 747.72亩(1亩≈666.67m²)。二是开展长江干支流废弃露天矿山地质环境恢复治理,2019—2020年,湖北省自然资源厅下达长江干支流沿岸10km范围内生态恢复治理项目22个,涉及武穴、浠水、团风3个县市,治理面积3 622.05亩。三是积极推进矿山生态修复工程,通过小流域治理、国土绿化、市场化运作等相关项目,整合各方资金推进生态修复,加快转型利用,总计修复完成44个图斑的矿山生态修复工作。四是积极落实湖北省自然资源厅关于历史遗留废弃矿山的三年行动计划,2023—2024年通过"自然修复+人工辅助"的措施完成了区内73座历史遗留废弃矿山的生态修复工作。

### 2.4.2　露天非金属矿山生态修复效果

鄂东北地区矿山生态修复工程的成功实施,极大修复了受损的生态系统,切实提升了生态系统服务功能,有效保护了珍稀动植物的生存环境,明显提升了区域生态产品价值,持续巩固了大别山生态屏障,

# 2 研究区概况

有力保障了大别山区、长江中游城市群的生态安全、饮水安全、粮食安全,确保了"一江清水向东流",助推了生态环境修复、产业转型和乡村振兴。通过对矿山生态环境系统修复、综合治理,融治山、治水、土地复垦、生态修复为一体,充分挖掘乡土风貌景观资源价值,在治理过程中融入生态、人文景观保护理念,实现生态保护与文化传承的有机结合,优化城乡空间布局,达到矿山生态修复治理与产业导入并举的目的。

## 2.5　本章小结

本章在对鄂东北地区自然地理与地质环境条件特征进行总结的基础上,分析、梳理了研究区的资源量及资源分布特征,同时对研究区露天非金属矿山的开采历史和生态修复工作开展情况进行了归纳。

（1）在总结研究区自然地理、气象水文、地形地貌等特征的基础上,指出了地质环境破坏、地形地貌破坏、土地损毁、水资源破坏、生态退化是区内矿山较为突出的五大问题。

（2）在对研究区矿产资源现状进行总结的基础上,通过统计分析得出了区内矿山存在多（数量多）、小（规模小）、散（分布分散）、远（距城镇远）和以非金属矿山为主的特点,并细化了研究区内各县（市、区）非金属矿山分布情况。

（3）通过归纳总结,将研究区的露天非金属矿山开采历史分为矿产资源服务国民经济的初期发展、矿产资源"重开发和轻保护"的快速发展、矿产资源开发和保护并重的可持续发展的 3 个阶段,对 3 个阶段矿山发展的特点进行了介绍,并对经 3 个阶段发展演化后形成矿山的开采模式和规模等进行了简要概括。

（4）从制度制定和实地治理两个方面介绍了研究区已开展的矿山生态修复治理工作,并对其实施效果进行了评述。

# 3 矿山生态环境问题

近几十年来,鄂东北地区有数百座规模不等的非金属矿山,其采石场边坡岩壁表面光滑、多陡壁,陡壁倾角近直立,高度多为 20~50m,最高可达 70m。早期矿山施工技术缺乏规范性以及大规模的透支性开采,带来了地质环境破坏、地形地貌破坏、土地损毁、水资源破坏和生态退化等一系列矿山生态问题,随之而来的区域性与流域性水土流失、水土环境破坏、水源涵养和水土保持功能降低等问题有效改善,成为鄂东北地区露天非金属矿山生态修复工作的主要课题。

## 3.1 地质环境破坏

### 3.1.1 采场边坡

露天非金属矿山开采过程中,通常会形成陡峭的岩质边坡,尤其是以花岗岩为主的建材矿山矿区,主要采用机械开挖和爆破两种开采方式,形成巨大采坑和近乎直立的掌子面。岩质边坡的高度和坡度使得植被生长困难,土壤保持能力较弱,从而影响生态环境的恢复和稳定,是鄂东北地区非金属矿山生态修复的重难点问题。除此之外,矿山开采还容易导致零散岩块崩落,引发环境污染和安全风险,对周围生态系统和人类生命财产安全造成潜在威胁。

如浠水县刘家冲矿区,开采矿种为饰面用花岗岩,采用切割机原位作业,台阶式开采,形成了一个巨大采坑,采坑及掌子面揭露岩层显示,采坑四周形成的高陡边坡部位出露花岗岩(图 3-1)。花岗岩致密、硬度大、强度高,稳定性较好,节理裂隙不发育。实地调查发现,刘家冲矿山采坑四周高陡边坡整体稳定性较好,发生崩塌、垮塌等地质灾害的可能性不大,仅在采坑边缘局部存在松动的块石或采矿遗留的碎石,有滚落的危险,但局部仍有岩石松动以及采矿活动产生的边角废料、零散弃石等,具有一定的安全隐患。

除此之外,在露天矿山的开采过程中,矿石被采掘出来后,通常会伴随大量的废石、碎石和岩屑。这些废石为矿石周围的非经济矿石或者是开采过程中碎裂的岩石,被暂时堆放在露天矿山周围或者矿坑边缘,形成大面积的废石堆积区,并随着矿山的开采逐渐增加(图 3-2)。

大面积的废石堆积严重破坏了矿区原有的景观和自然美观,使得周围地区的生态环境遭受视觉污染。大规模的废石堆积区域破坏了原生植被,可能导致当地生态系统破坏和野生动植物栖息地丧失,从而影响生物多样性。同时,部分废石堆积区域可能因未经有效的工程处理处于不稳定状态,可能导致滑坡、崩塌等地质灾害,对周围环境和人员安全构成威胁。

## 3 矿山生态环境问题

图 3-1 浠水县刘家冲矿区南面高陡边坡

图 3-2 浠水县刘家冲矿区废渣堆

## 3.1.2 危岩体

露天非金属矿山周围常常存在悬崖陡壁的危岩体,这些岩体易受风化、水蚀等作用影响,因而有较大的崩塌危险性。在开采过程中,炸药爆破、机械挖掘等作业可能会引发危岩体的崩塌,甚至直接危及矿山工人和设备的安全。

露天非金属矿区危岩体所在边坡主要分两类:一类是开采后顺坡堆积大量固体废弃物,边坡坡度较陡,块石块径 0.3~3m,自身稳定性一般,在强降雨天气可能形成地质灾害;另一类是矿山在生产过程中产生的废土和方料石堆积成山,自身稳定性一般,遇强降雨天气可能形成地质灾害。

如英山县芭茅街矿区(图3-3)主要开采建筑用片麻岩矿产资源,经过多年的开采形成了3处岩质边坡(表3-1),局部危岩体发育。以3号边坡为例,该边坡位于采坑南侧,坡面走向约119°,坡面倾向约29°,为斜向坡,平均坡度约57°,宽约165m,坡高约66m,纵长平均约103m,面积约16 995m²。据现场调查,边坡整体稳定性较好,整体发生崩塌等地质灾害的可能性不大,仅边坡坡顶局部存在2处危岩体(图3-4和图3-5),危岩体方量约500m³。

图 3-3 英山县芭茅街矿区生态环境问题平面图

表 3-1 英山县芭茅街矿区危岩体分布统计表

| 编号 | 边坡面积/m² | 边坡高度/m | 边坡坡度/(°) | 危岩体分布 | 备注 |
| --- | --- | --- | --- | --- | --- |
| 1号边坡 | 8379 | 39 | 69 | 坡面整体完整,稳定,仅局部有危岩 | 危岩方量200m³ |
| 2号边坡 | 20 165 | 87 | 75 | 坡面整体完整,稳定,仅局部有危岩 | 危岩方量300m³ |
| 3号边坡 | 16 995 | 66 | 57 | 坡面整体完整,稳定,仅局部有危岩 | 危岩方量500m³ |

图 3-4 英山县芭茅街矿区3号边坡西侧危岩体　　图 3-5 英山县芭茅街矿区3号边坡东侧危岩体

## 3.2 地形地貌破坏

露天非金属矿山开采中,大规模土石剥离导致原生缓坡发生形变,有的地形变得凹凸不平,有的自然斜坡被人工整平成平台。特别是在废石堆积区域,堆积的废石会形成新的地形特征,改变了原有的地貌格局。矿山开采引起的地表裸露和土壤移动增加了土壤的侵蚀风险。此外,开采过程中可能破坏地下水系统和地表水的自然流动路径,进一步影响土壤的稳定性。

如英山县南河镇黑石寨矿区(图 3-6)形成的排土场堆放大量的废料,以 4 号排土场为例(图 3-7),该排土场位于矿区南侧,该处位置原为矿山加工企业的排渣点,边坡左侧为矿区道路,主要受矿渣堆积影响导致地形地貌破坏,形成的裸露边坡平面呈不规则形,长约 546.7m,宽约 173.3m,高差 130m,地形地貌景观破坏面积约 94 742m²。该处位于后方上山途经区域,给整个矿区景观带来严重不良影响。区内地表植被破坏严重,基岩裸露,对生态环境造成影响,严重影响道路过往行人的观感。

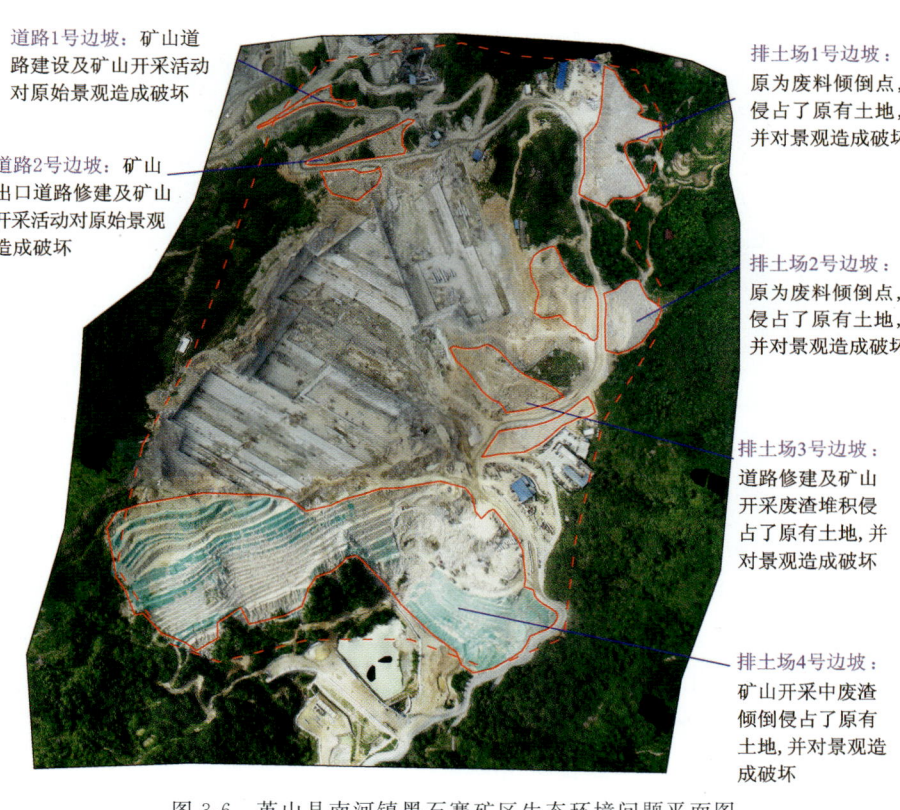

图 3-6　英山县南河镇黑石寨矿区生态环境问题平面图

## 3.3 土地损毁

矿产开发方式直接影响土地的损毁程度。鄂东北地区土地损毁主要受城镇建设、工矿、交通等非农建设用地的影响。新中国成立初期,鄂东北地区位于大别山革命老区,交通欠发达,地少人多,主要为村镇建设与工矿开发引起的土地损毁,矿山的掠夺式开采尤为严重。随着我国社会经济的不断发展,改革

图 3-7　英山县南河镇黑石寨矿区 4 号排土场地形地貌破坏

开放城镇化、工业化和新农村建设的快速推进,人口持续增加,在 2000 年以后进入高速发展阶段,工矿、交通等非农建设用地需求强劲,不可避免地损毁土地资源,矿产资源的粗放式开发更是造成了大量的土地损毁。2010 年以后城镇化进入高质量发展期,随着《土地复垦条例》的颁布,土地损毁问题得到重视,这推动了土地复垦工作的进一步发展,同时,部分矿山的关闭及矿山开采方式与技术的提高使土地损毁问题逐渐减少。但由于大多矿山为露天开采,未考虑土地损毁与环境保护协调发展,且由于历史原因,部分矿山早期复垦未复垦或不到位,鄂东北地区仍存在大量矿山土地损毁问题。

鄂东北地区内矿山以建材矿为主,露采矿山采掘剥离对山体损毁严重,采坑和灰白色斑石墙与周边的天然森林景观形成极大反差。采用凹陷式开采的露采矿山形成深坑废弃后积水成潭,开采过程中导致土地资源损毁,直接挖损土地及废石场(堆土场)、尾矿库等场地侵占土地。同时,采矿造成表土层挖损、土地硬化压占、土层剥离,丧失熟化土壤的团粒结构和理化性质失去了涵养植物的能力,自然状态下难以恢复原有土地功能。

如罗田县崖下湾矿区(图 3-8),该矿区主要问题是直接挖损土地及废石场(堆土场)、尾矿库等场地侵占土地(图 3-9)。同时,矿区采矿造成表土层挖损、土地硬化压占、土层剥离,丧失熟化土壤的团粒结构和理化性质失去了涵养植物的能力,自然状态下难以恢复原有土地功能。

## 3 矿山生态环境问题

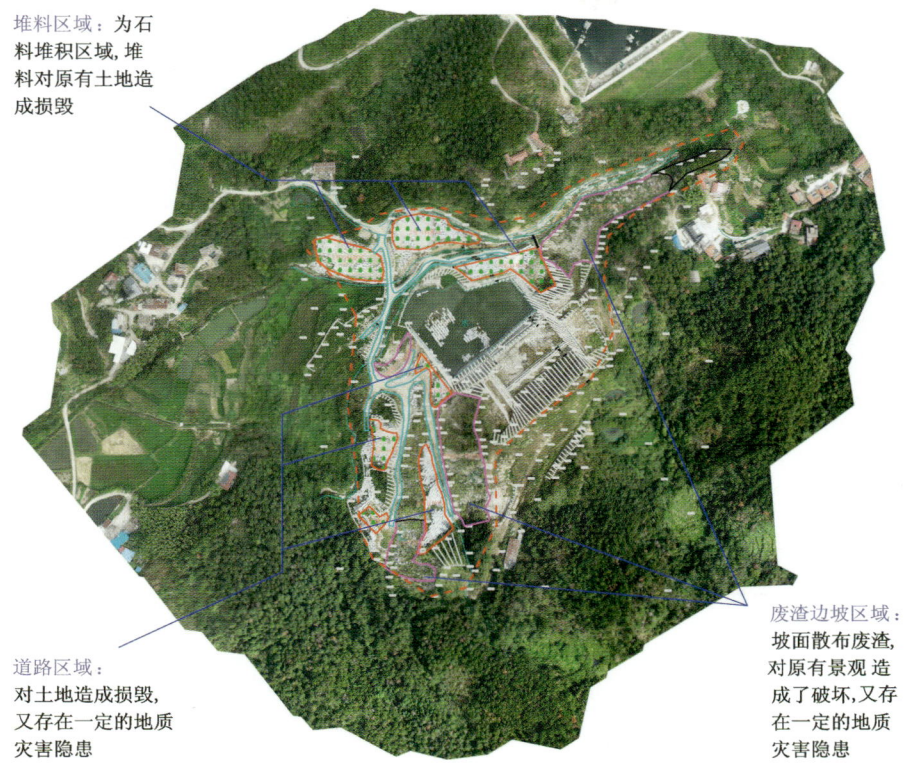

堆料区域：为石料堆积区域，堆料对原有土地造成损毁

道路区域：对土地造成损毁，又存在一定的地质灾害隐患

废渣边坡区域：坡面散布废渣，对原有景观造成了破坏，又存在一定的地质灾害隐患

图 3-8　罗田县崖下湾矿区生态环境问题平面图

图 3-9　罗田县崖下湾矿区废石场土地损毁

## 3.4 水资源破坏

鄂东北地区水源地集中在长江流域的中下游,涉及滠水、澴水、举水、倒水、巴水、浠水、蕲水和华阳河八大水系,区内露天非金属矿山开采引起的水资源破坏以地表水资源污染为主。结合 2017 年实施的黄冈市矿山地质环境调查项目及历年来黄冈地质环境监测保护站水土取样监测分析结果,通过 2023 年度水质检测结果发现,废弃矿山地表水硫化物均超标。其中,黄梅县马鞍山铁矿硫化物质量浓度达 390mg/L(丰水期)。鄂东北地区受矿山直接影响的水源地如表 3-2 所示。

表 3-2 鄂东北地区受矿山直接影响水源地一览表

| 水源地 | 库容量/亿 m³ | 调蓄量/亿 m³ | 保障人数/万人 | 属地 |
| --- | --- | --- | --- | --- |
| 白莲河水库 | 12.28 | 5.72 | 120 | 罗田、浠水、英山 |
| 芳畈水库 | 0.58 | 0.20 | 15 | 大悟县 |
| 浮桥河水库 | 4.55 | 2.71 | 80 | 麻城市 |
| 观音岩水库 | 1.00 | 0.31 | 35 | 孝昌县 |
| 金盆水库 | 0.28 | 0.14 | 8.8 | 孝昌县 |
| 金沙河水库 | 1.81 | 1.06 | 49.2 | 红安县 |
| 垅坪水库 | 1.33 | 0.97 | 50 | 黄梅县 |
| 蕲春县鹞鹰岩水库 | 0.26 | 0.19 | 30 | 蕲春县 |
| 蕲春县蕲河西驿段水源地 | 蕲水 | 1.10 | 15 | 蕲春县 |
| 武穴市第二水厂水源地 | 长江 | / | 28 | 武穴市 |
| 英山县城区集中式饮用水源地 | 1.10 | 0.68 | 9.8 | 英山县 |

鄂东北地区露天非金属矿山水资源破坏地主要位于矿山周边,通常出现在建筑用砂矿山附近,开采破坏形成的裸露面和工矿废弃地在降雨作用下极易受水力侵蚀,加剧水土流失,淤堵河道,引起流域内水资源破坏,威胁水源地。如英山县杨柳湾镇矿区,由于建筑用砂矿山中人类工程活动频繁,原地表植被破坏,以及长期堆放于矿区地表的固体废物、废弃厂房终年暴露于大气中,梅雨季节废渣受雨水冲刷至周边水体,淤堵河道(图 3-10)。

## 3.5 生态退化

鄂东北地区主要为露采矿山,开采过程中导致植被受损及生物多样性下降。矿山原生态系统以森林生态系统为主,草地、农田、湿地次之。新中国成立以后,粗放式矿产资源开发造成森林、草地、农田、湿地等生态系统受到严重破坏,部分野生动植物栖息地丧失。随着大别山国家级自然保护区的确立,生态恢复力度加大,区内植被破坏与生物多样性下降问题得到一定程度控制。

# 3 矿山生态环境问题

图 3-10　英山县杨柳湾镇矿区河道淤堵造成水资源破坏

矿山开采改变原有地形地貌,损害地表植被、土壤,使得区域内原有的生态系统结构发生变化,生态系统连通性遭到破坏,裸露岩面阻碍了矿山周围森林、草地等生态群落之间的信息、物质及能量连通迁移,成为生态廊道的堵点、卡点,野生动物面临栖息地丧失与破碎化、物种近亲繁衍,导致遗传多样性丧失。矿山开采加剧破坏原有生态系统格局,生态系统的自我修复能力大幅降低,生物种类和数量减少,生态系统结构和功能弱化,生态系统稳定性下降,降低了矿山原有生态系统服务功能。

采矿活动造成原始植被破坏,形成大量的残遗斑块,影响生物迁徙,造成生境条件破碎化,导致大别山生物多样性保护面临巨大威胁。鄂东北地区矿山分布黄冈大别山国家地质公园等 9 个自然保护地,这 9 个自然保护地是全球候鸟迁徙通道和生物多样性分布的重要地段。废弃矿山生态可恢复性较低,生态敏感性强,若不加以治理,将逐渐加速影响周边生态环境,威胁大别山生态安全屏障。

## 3.6　本章小结

本章结合典型矿山梳理了鄂东北地区露天非金属矿山地质环境破坏、地形地貌破坏、土地损毁、水资源破坏和生态退化五大类生态环境问题,其中矿山开采导致的地质环境破坏会形成巨大采坑和近乎直立的光滑陡峭岩壁,植被生长困难,土壤保持能力较弱,是鄂东北地区非金属矿山生态修复的重难点问题。

# 4 矿山生态修复关键技术

鄂东北地区露天非金属矿山在地形、环境等方面具有独特性,生态修复工作存在较大困难,目前常用的生态修复方法在矿山中均难以达到理想效果。本章系统梳理了矿山生态修复普适性技术,总结出了开展鄂东北地区露天矿山生态修复,主要存在种植基质稀缺、自然环境条件恶劣、施工难度大、植物攀爬难度大四大难点,在此基础上,详细阐述了针对这些难点,笔者团队进行科技攻关所获得的一系列成果。

## 4.1 矿山生态修复普适性技术

鄂东北位于大别山南麓,是长江中游承担区域水源涵养、水土保持及生物多样性维护等生态系统服务功能的重要生态屏障,因此在应用普适性技术开展鄂东北地区露天非金属矿山生态修复时,以系统修复鄂东北地区生态屏障功能为指引,构建山顶到江边的矿山生态修复基本格局(图4-1)。本节基于鄂东北地区露天非金属矿山生态修复多年工作经验,对地形重塑、土壤重构和植被恢复普适性生态修复技术在鄂东北地区的应用进行系统梳理。

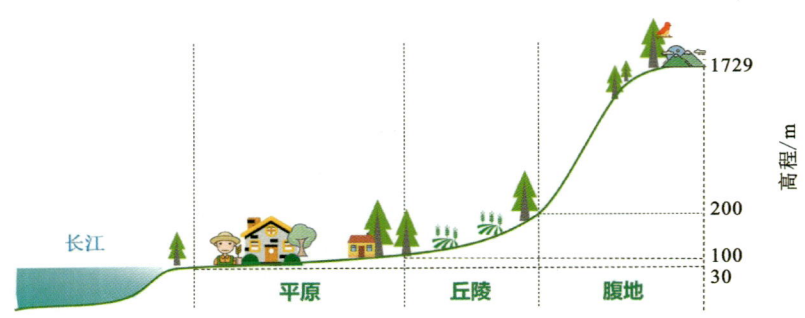

图 4-1 鄂东北地区露天非金属矿山生态修复基本格局

### 4.1.1 地形重塑

#### 4.1.1.1 地形整治

根据各修复场地地形起伏、坡度、高差等要素,充分利用场地内的弃渣(石)土,采取整体或分阶梯方式平整场地,按照确定的修复方向选择适宜的整形方向,采用削高填低、挖低垫高、物料回填、推平等措施对地形进行整治。

## 4 矿山生态修复关键技术

### 4.1.1.2 坡面微地形改造

对矿山坡面进行微观地形设计和调整，以实现生态修复的目的（图 4-2）。按修复需求采取合适的方法，对矿山坡面进行整治，使土地可持续利用，或通过调整坡度和坡向使坡面平整，减小水土流失的风险，提高土地的稳定性，为植被恢复、水土保持措施、水土保持结构、生物多样性保护提供地面条件，提升生态修复效果。

图 4-2 坡面微地形改造前后对比

### 4.1.1.3 削坡整形

对破损边坡坡面进行整形，对采矿遗留的残山进行表面整形或将其整体清除（图 4-3），为后续植被重建创造条件。当排渣（土）场长期堆放时，堆坡应满足稳定的坡高和休止角需求。堆高大于 10m 时应削坡分级再造台阶，每级台阶高度不超过 8m、宽度不低于 3m，坡度不大于 30°。

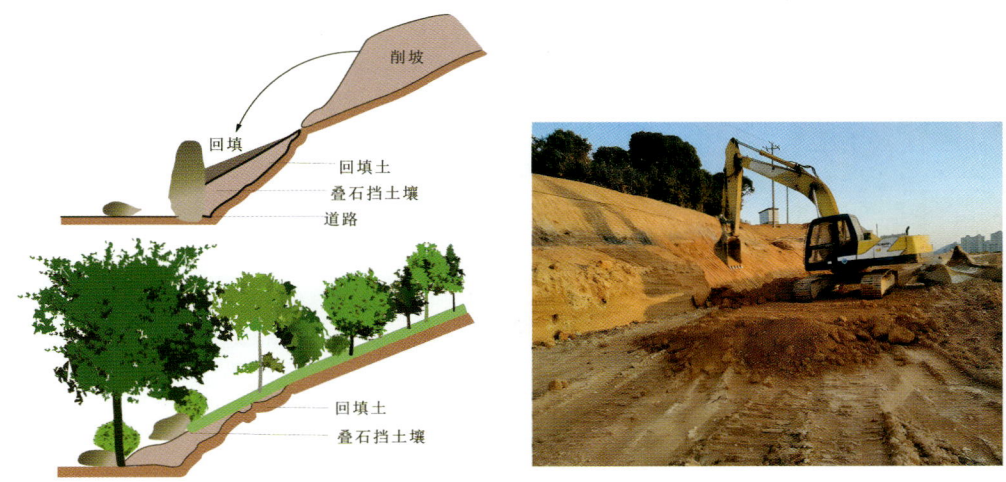

图 4-3 削坡整形施工

### 4.1.1.4 坡改梯

结合边坡削坡，按一定宽度、高度沿坡面等高线再造若干级台阶平台，形成植被重建的立地条件（图 4-4）。沿台阶平台外缘修筑挡土墙、叠石等挡土构件使边坡保持稳定。构件体合理设置泄水孔、伸缩变形缝,其高度视植被重建物种、覆土厚度确定。挡土构件参数、材质、结构应形式符合《砌体结构设计规范》(GB 50003—2011)的要求。

图 4-4　坡改梯施工

### 4.1.2　土壤重构

#### 4.1.2.1　土壤改良

采取适当的采矿和重构技术工艺,应用修复措施及物理、化学、生物、生态措施,重新构造一个适宜的土壤剖面和土壤肥力条件(图 4-5),在较短的时间内恢复和提高重构土壤的生产力,并改善重构土壤的环境质量。

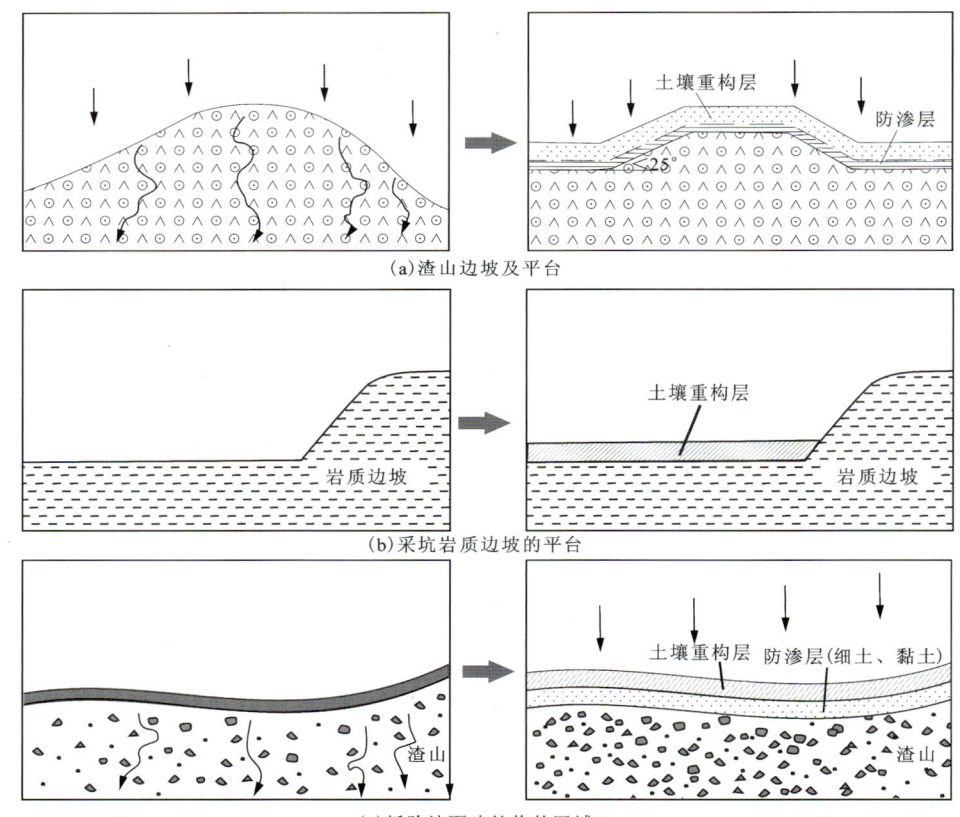

图 4-5　土壤重构示意图

## 4 矿山生态修复关键技术

#### 4.1.2.2 土地复垦

土地复垦指在矿山建设和生产过程中,对挖损、压占等造成破坏的土地采取整治措施,使其恢复到可供利用状态的活动。在土壤重构的基础上,根据土地适宜性条件,将土地复垦为农林草用地、建筑用地等类型(图 4-6)。由于治理区形状不规整,本着因地制宜和方便工程实施的原则,按规划道路布局划分平整地块。

耕地田块划分的标准:田块的划分尽可能规则化,从耕作机械工作效率考虑田块的大小和形状。耕作田块的形状要求外形规整,长边与短边以直角或接近直角为宜,田块最适宜的形状是长方形。具体布局中,考虑露天采坑外形不规整,不片面追求田块的整齐划一。

图 4-6 土地复垦利用

### 4.1.3 植被恢复

#### 4.1.3.1 边坡生态修复技术及适用条件

边坡生态修复技术及其适用条件如表 4-1 所示。

表 4-1 边坡生态修复技术适用植物条件

| 序号 | 生态修复技术 | 适用边坡类型 | 适用边坡坡度/(°) | 适用边坡高度/m | 适宜植物 |
| --- | --- | --- | --- | --- | --- |
| 1 | 客土喷播 | 土质、岩质边坡 | <55 | 均适用 | 乔木、灌木、藤类等 |
| 2 | 上爬下挂绿化 | 岩质边坡 | >60 | >10 | 爬山虎、常春油麻藤等 |
| 3 | 飘台法绿化 | 岩质边坡 | >60 | >10 | 灌木、爬藤、草类 |

续表 4-1

| 序号 | 生态修复技术 | 适用边坡类型 | 适用边坡坡度/(°) | 适用边坡高度/m | 适宜植物 |
|---|---|---|---|---|---|
| 4 | 阶梯法绿化 | 土、岩质边坡 | <20 | >10 | 乔木、灌木、藤类等 |
| 5 | 植生混凝土绿化 | 岩质边坡 | >60 | >10 | / |
| 6 | 鱼鳞穴法绿化 | 岩质边坡 | <30 | 均适用 | 乔灌木、藤本及草本植物相结合 |
| 7 | 三维植被网绿化 | 土质、强风化软岩 | <45 | <10 | 以热塑性树脂为原料 |
| 8 | 植生袋绿化 | 碎石堆边坡 | <30 | 均适用 | 乔灌木、藤本及草本植物相结合 |

**1. 客土喷播绿化**

客土喷播绿化技术是利用喷射机将搅拌均匀的混合材料喷射到边坡上的一种复绿方法。该技术具有适用范围广、施工效率高、绿化效果较快、植被覆盖度高等优点,一般适用于缓坡,对于稍陡的边坡(坡度 45°～60°)则需挂金属网,以增强喷播层的附着力。客土喷播植被以草灌木为主,养护费较高。在鄂东北地区,露天非金属矿山生态修复中建议采用挂网喷播,利用喷混机械将土壤、有机质、保水剂、黏合剂和种子等混合后喷射到岩面上,在岩壁表面形成喷播层,营造一个既能让植物生长发育而种植基质又不会被冲刷的稳定结构,保证草种迅速萌芽和生长,一般喷播厚度为 10～20cm。该方法适用于坡度较陡的岩质边坡,成本适中,出苗快,整齐,均匀,视觉效果好。然而,花岗岩采石场壁面近直立,且绝大多数壁面高度均超过 10m,即便在岩壁上挂金属网,喷薄层也很难附着,现场喷射操作难度大,危险性高。客土喷播施工流程及施工现场如图 4-7 所示。

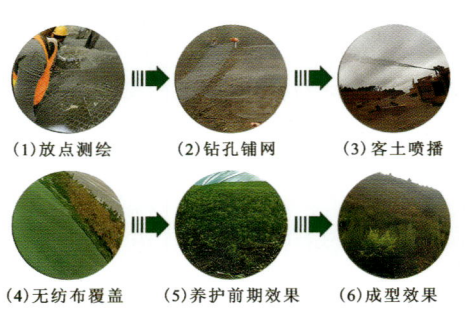

图 4-7 客土喷播施工流程及施工现场

## 4 矿山生态修复关键技术

**2. 上爬下挂绿化**

上爬下挂绿化是指以浆砌块石为种植槽,在某一级平台上分别种植上爬植物以及下挂植物(图4-8)。上爬植物种植在平台内侧,便于向上一级壁面攀爬;下挂植物种植在平台外侧,便于向下一级壁面垂吊。在光滑岩壁上可增设金属网或金属线等辅助植物攀爬的设施,并在地势高处修建蓄水池,防止爬藤植物受烘烤后干枯死亡。上挂植物可选用爬山虎、常春油麻藤等;下挂植物可选用金银花、凌霄、蔷薇、紫藤等。该方法适用于高陡硬岩边坡。种植槽采用浆砌块石,充分利用采场堆积的废石料,既可以降低工程造价,又能在一定程度上解决废石压占土地问题,实现废弃物的资源化利用。

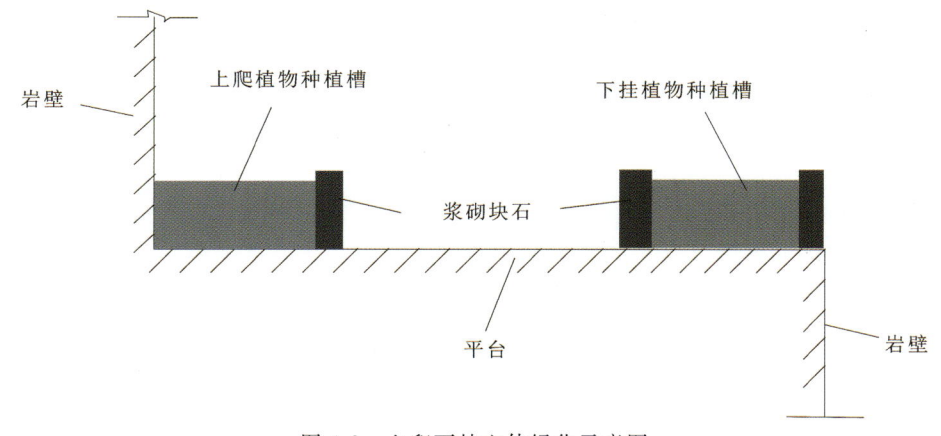

图4-8 上爬下挂立体绿化示意图

**3. 飘台法绿化**

飘台法绿化是指在岩壁上钻孔,插入金属构件后向孔内灌浆,以金属构件为支撑点,在岩壁表面架起各种形状的容器(即飘台),在容器中添加基质材料后可种植植物,通过植物的茎叶覆盖坡面,以达到坡面整体绿化的目的。飘台法适用于极陡、平滑的岩壁,但对于10m以上的高陡岩壁而言,因搭建施工平台难度大、成本高,效果受到一定影响。

**4. 阶梯法绿化**

阶梯法绿化又称台阶法绿化,是利用矿山开采过程中形成的台阶种植植物,采取乔木、灌木、藤本植物混种的方式实现绿化。阶梯法是目前应用最广、技术最成熟的生态修复方式,适用于陡峭地形。然而,花岗岩采石场上下相邻岩壁之间落差过大,一般在10m以上,乔木、灌木生长速度较慢,短期内很难达到修复效果,且各级平台均为完整、坚硬的微风化花岗岩,乔木、灌木根系难以向下生长,其存活率和抗倾覆能力无法保证。因此,若采用台阶法对花岗岩高陡岩壁进行生态修复,藤本植物是最佳选择。该方法适用于坡度小于20°的开采面。

**5. 植生混凝土绿化**

植生混凝土绿化是指在岩质坡面上挂铁丝网或塑料网,并用锚钉或锚杆将铁丝网固定在岩质坡面上,以水泥为黏结剂,将土壤、腐殖质、有机质、保水剂、植物种子、肥料等混合物加水后利用特制喷混机械喷射到岩面上,喷播厚度宜控制在10~12cm之间,形成均匀分布的植被混凝土。该方法适用于坡度大于60°的高陡岩质边坡。植生混凝土喷射工程设计应满足下列要求:

(1)植生混凝土喷射方案应依据坡面形式、边坡高度、地层岩性、地层结构和绿化养护等条件确定。

(2)应合理选择适应当地自然环境特点的植物种类。

(3)铁丝网应耐腐蚀,相邻铁丝网应绑扎连接。

(4)锚杆的锚固方式和锚固长度应根据边坡岩体破碎和松散程度确定,铁丝网与锚杆的连接应牢固。

(5)基材由土壤、有机质、化学肥料、保水材料、黏合剂和缓冲剂等混合而成,配合比应根据试验或工程经验选定。

### 6. 鱼鳞穴法绿化

鱼鳞穴法绿化是指利用废弃矿山壁面上较大的石缝,对其进行定向爆破,制造出鱼鳞状的洞穴,并以乔灌木、藤本及草本植物相结合的方式进行覆土种植。该方法适用于岩体裂隙较多、坡面平整度较差、局部有缓坡或平台的岩质边坡。花岗岩采石场高陡岩壁表面光滑,无石窝、石缝,通过人工开凿、爆破等方式制造洞穴的难度较大,因而该方法在花岗岩矿山中不适用。

### 7. 三维植被网绿化

三维植被网绿化是指以热塑性树脂为原料,通过挤出、拉伸、点焊等工序制成凹凸泡状的多层三维网结构,底部为高模量基础层的三维立体结构网垫。该方法适用于坡度不大于45°、坡高小于10m的土质、强风化软岩边坡。

### 8. 植生袋绿化

植生袋绿化技术是一种以植生袋为基础的生态修复技术,其基本原理是在矿区土壤表面覆盖一层植生袋,通过在植生袋中种植各种植物,以此恢复土壤的植被覆盖和保持水土的能力,改善矿区的生态环境。植生袋通常采用可降解的材料制成,这样在植生袋内种植的植物根系能够顺利穿透植生袋到达土壤深处,使得植物能够更好地生长,同时植生袋也能够保护土壤不受水土流失和风蚀的影响。

鄂东北地区露天非金属矿山开采过程中形成大量废渣堆占压周边土地,造成原有斜坡植被损毁,现状与周围景观极不协调。同时,区内矿山多远离城镇,废渣堆清运施工条件有限,宜采用植生袋进行生态修复。在固体废弃物边坡上布置植生袋,植生袋内草种优选狗牙根、鸡尾草、多花木蓝,采用草灌藤混种,袋间行距均按1~2m设置。植生袋应堆放,铺设前应覆盖一层3~5cm厚的地基土,目的是增加草根的生根深度,使植生袋底部与基面紧密接触,减少植生袋表面裸露面积,使其保持水分,提高抗旱性。

#### 4.1.3.2 林地生态修复技术要点

### 1. 低效林改造

根据现场调查,结合《退化防护林修复技术规程》(LY/T 3179—2020)、《湖北省退化林修复技术导则(内部试行版)》(2021年)中的相关标准,本书提出采用综合修复方法改造低效林。综合修复技术措施以采伐+补植为主,在补植的基础上,对有阔叶树种生长的林分适度使用人工促进天然更新的方法,共同促进森林恢复。

鄂东北地区需采伐的林木主要为马尾松病虫害木及枯(濒)死木、断(枯)梢木、受灾木、生长不良木等其他影响目标树生长的干扰木,伐前应人工标记好采伐木,保护好目标树(图4-9)。根据现场调查情况,遵循"间密留匀、抽针补阔"原则,主要选用枫香、麻栎、女贞、泡桐、油桐、鹅掌楸、栾树、乌桕等乡土树种作为补植树种。

## 4 矿山生态修复关键技术

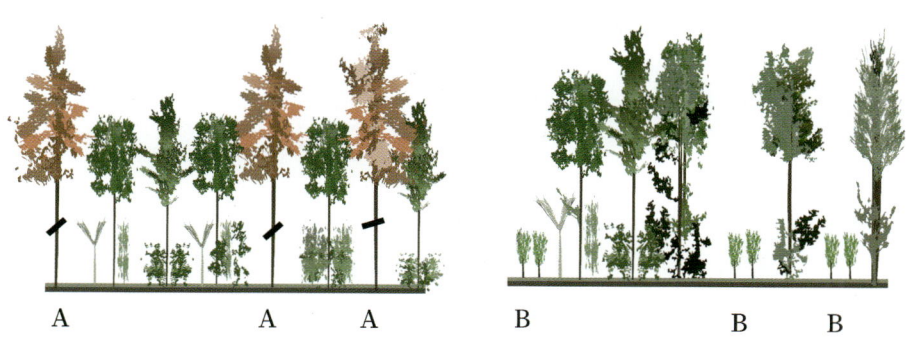

图 4-9 低效林改造图(A.病虫害木采伐;B.补植)

### 2. 森林植被重建

用乡土先锋树种在大别山腹地废弃矿山重建森林植被,这种森林是环境保护林而非商业目的的用材林或景观林。采用的树种为当地的优势种类,此类树种固碳能力比单种单层的针叶林高,成林后也可提供木材和其他林产品。

森林重建树种主要选取建群种类和优势种类,采用多种类、多层次、密植、混合的方式,即主要选用枫香、麻栎、女贞、泡桐、油桐、鹅掌楸、栾树、乌桕等乡土树种,同时搭配枫香+女贞、枫香+栾树、枫香+乌桕、女贞+鹅掌楸、麻栎+油桐、泡桐+鹅掌楸等树种。

### 3. 水源涵养林建设

水源涵养林建设主要指在鄂东北地区北部大别山腹地地区的矿山内建设具有良好的林分结构与林下地被物层的天然林和人工林。水源涵养林通过对降水进行吸收调节,变地表径流为壤中流和地下径流,控制源头水土流失,调节气候,水源涵养作用显著。

在适地适树原则指导下,水源涵养林的造林树种选择根量多、根域广、林冠层郁闭度高(复层林优先于单层林)、林内枯枝落叶丰富的乡土树种,应优先营造针阔混交林,其中除主要树种外,考虑合适的伴生树种和灌木,以形成混交复层林结构。同时,选择一定比例的深根性树种,加强土壤固持能力。在立地条件差的地方,考虑将对土壤具有改良作用的豆科树种作为先锋树种;在立地条件好的地方,则选用速生树种作为主要造林树种。树种搭配有枫香+女贞、枫香+栾树、枫香+乌桕、女贞+鹅掌楸、麻栎+油桐、泡桐+鹅掌楸等。

### 4. 补植补栽

对于保留木株数低于该类型参照林分的合理密度,或郁闭度低于0.4,仅靠天然更新难以达到合理密度要求,或林木分布不均匀、含有大于2倍林分平均树高的林隙、林窗、林中空地等的林分,通过在林下、林窗、林木稀疏处等地补植目的树种,调整树种结构和林分密度,提高林地生产力和生态功能。

根据现场调查情况,遵循"间密留匀、抽针补阔"原则,主要选用枫香、麻栎、女贞、泡桐、油桐、鹅掌楸、栾树、乌桕等乡土树种作为补植树种(图 4-10)。

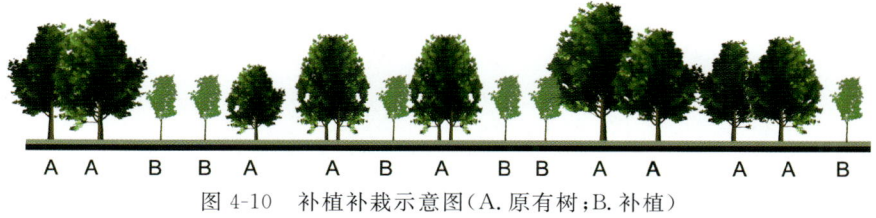

图 4-10 补植补栽示意图(A.原有树;B.补植)

## 4.2 矿山生态修复难点

### 4.2.1 种植基质稀缺

鄂东北地区矿山修复过程中,由于矿区表层大部分为开采后坚硬的花岗(片麻)岩,常常需要引入大量土壤进行基质更换,实际修复时普遍存在种植基质稀缺的问题,原因如下:一是矿区自有土壤稀缺,采石场原有山体第四系覆盖层在开采前被剥离,经地表径流冲刷后流失,或由于矿区平坦场地多为废石料堆积场占压缺少堆积区而转移至填土场,修复时废弃物可能难以回收和利用,导致矿区修复时缺少土壤基质;二是矿区周边土壤稀缺,矿区及周边一般以低山-丘陵地貌为主,山麓及低洼平坦处多为耕地,而山坡处可利用土壤层较薄,且取土后容易造成新的破坏;三是矿山开采活动常常导致附近土壤污染或破坏,使土壤质量下降,基质变得贫瘠,当地的土壤、水资源等可能无法满足修复工作的需求,进一步加大了矿山修复种植基质稀缺的问题。

如麻城市白鸭山矿区,区内仅有少量第四系松散堆积物,零星分布于矿区的低凹地段,主要由粉质黏土组成,厚度一般为 0.5~2.0m,在矿山开采破坏地表后,修复时种植基质稀缺的问题更为突出(图 4-11)。

图 4-11 麻城市白鸭山矿区种植基质稀缺

### 4.2.2 自然环境条件恶劣

无论采用何种植物对采石场生态进行修复,都需要满足植物生长所必需的环境条件,即土壤、水分、光照和适宜的温度等。如前文所述,矿区土壤及水资源匮乏,岩壁上根本不存在土壤,也无法涵养植物生长所需的水分。更为重要的是,大面积裸露的岩壁在夏季受到烈日的暴晒后温度极高,据 2018 年 7—8 月在某采石场现场实测的结果,最高温可达到 70℃。如直接在岩壁上种植植物,不仅会使种植基质中水分快速蒸发,还会灼伤植物细嫩的枝叶,导致植株干枯死亡。如某废弃十余年的采石场,岩壁上几乎未见植物(图 4-12)。

### 4.2.3 施工难度大

根据以往项目实施经验,鄂东北地区矿山修复主要存在以下 4 个方面难点:一是本区绝大部分的采石场开采方式为露天开采,生产过程自上而下进行,机械切割岩石每次深度约 1m,连续切割一定深度后

## 4 矿山生态修复关键技术

图 4-12　鄂东北地区典型废弃矿山照片

留下宽 2~5m 的作业平台，上下级作业平台之间高差在 10~30m 之间，由此形成了若干级岩壁，如在岩壁上开展生态修复工程作业，因岩壁高陡、光滑，搭建临时施工平台的难度大且成本高；二是矿山多位于山腰以上（图 4-13），运营期间修建的临时运输便道未经硬化，经过重载运输车辆长期碾压后严重破损，且在矿区废弃后经长期水流冲蚀，路面破坏严重，导致大型施工设备及材料难以运输；三是矿区施工用水用电较困难，生产时采用的水、电等设施在矿山废弃后长久失修，施工机械无法作业，后期的植被养护等实施困难，常常为了水电需架设上千米的水电设备；四是部分矿区修复时当地百姓支持力度不大，在矿山长期废弃后，部分矿区底盘区经人工开垦形成了居民自用田地，现场施工时常因土地权属问题产生争议，导致施工进度缓慢。

图 4-13　罗田县源昌矿区位于山腰以上

### 4.2.4　植物攀爬难度大

不同类型的矿山生产过程中采用的开挖方法不同，主要有爆破、机械开凿、机械切割等。其中，爆破和机械开凿形成的岩石壁面粗糙,且裂隙较多,有利于攀爬植物根系附着;而花岗岩采石场生产过程中均采用机械切割,形成的壁面十分光滑,且近垂直(图 4-14),攀爬植物的藤蔓、根系几乎无法附着,这极大地增加了生态修复的难度。

图 4-14　麻城市白鸭山Ⅳ号矿区陡直岩壁

## 4.3　矿山生态修复科技攻关

笔者项目团队对前文所述的生态修复难点进行了专项科技攻关,结合鄂东北地区露天非金属矿山的生态修复工作经验,针对种植基质稀缺及自然条件恶劣等难点,提出了鄂东北地区露天非金属矿山生态修复优选植被及基质推荐配比,针对矿山开采形成陡直光滑岩壁造成的施工难度和植物攀爬难度大的问题,通过开展岩壁生态修复先锋植物遴选、快速扦插繁育试验、耐旱/耐贫瘠试验和现场地栽试验,探索出了陡直光滑岩壁生态修复的优选植被及基质推荐配比,并设计出了辅助植物攀爬的装置。

### 4.3.1　生态修复优选植被及基质推荐配比

#### 4.3.1.1　生态修复优选植物

以乡土先锋树种为主、以引进树种为辅,根据当地条件,优先选择具有固氮作用、根系发达、生长迅速、萌芽萌蘖能力强、抗干旱、耐瘠薄、耐水湿的树种;以及优良种源和良种基地生产的种子,同时选择多树种造林,防止树种单一化,因地制宜地确定树种分配比例,优先选择抗干旱、耐涝、耐瘠薄等抗逆性强、生长迅速、水土保持能力强、土壤和水质改良效果好、经济价值高的其他植物。露天非金属矿山生态修复可选植物种类参考表 4-2。

## 4 矿山生态修复关键技术

**表 4-2　露天非金属矿山生态修复可选植物种类**

| 植被类别 | 主要植物名称 |
|---|---|
| 藤本 | 紫藤、爬山虎、凌霄、五叶地锦、葛藤、常春油麻藤 |
| 乔木 | 白杨、马尾松、刺槐、银杏树、湿地松 |
| 灌木 | 黄馨、荆条、黄栌、火棘、柏树、刺槐、二胡枝子、女贞、红叶石楠、马棘、铁篱笆、多花木兰 |
| 草本 | 芭茅、高羊茅、狗牙根、白三叶、紫花苜蓿、鸭跖草、杠板归、黑麦草 |

选择的林木种子质量要达到《林木种子质量分级》(GB 7908—1999)规定的合格种子标准,按《林木种子检验规程》(GB 2772—1999)的规定进行林木种子质量检验,为提高播种造林质量,播种前可根据需要对林木种子进行浸种、催芽、拌药等处理。草本植物种子采用国家或省级部门规定的一、二、三级种子,采用《主要造林树种苗木质量分级》(GB 6000—1999)规定的Ⅰ级苗木,容器苗执行《容器育苗技术》(LY 1000—1991)的规定,优先选用1~2年生容器苗。营造用材林选用种子园、优良种园的种子培育的符合《主要造林树种苗木质量分级》(GB 6000—1999)规定的Ⅰ级苗木以及优良无性系苗木。营造经济林选用品种优良、符合《主要造林树种苗木质量分级》(GB 6000—1999)规定的合格苗木。标准未涉及的树种,可根据当地情况选用优良品种,以根系发达、植株健壮、无病虫害、1~2年生苗木为宜。栽植前根据树种特性进行修根、截干、剪梢、剪叶、抹芽等处理,同时对苗木根系进行浸水、蘸泥浆等处理,也可以使用生根剂、蒸腾抑制剂、菌根进行处理。

#### 4.3.1.2 种植基质推荐配比

种植基质的选用,需考虑基质材料、配比、喷播厚度、施工工艺和技术要求。种植基质组分一般包括种植土、有机质、草纤维、黏合剂、保水剂、肥料、种子、水等。

(1)种植土:富含腐殖质,结构疏松,保水、保肥能力强。种植土应尽可能选用表土,当原剥离的表土不能满足绿化种植需求时,应尽可能选用施工区周边含腐殖质及物理性能良好的表土,避免使用强酸性土壤和过湿地中含还原性有害物质的土壤,严禁使用含有毒有害成分的土壤。种植土有效土层厚度应符合表 4-3 的规定。为保证绿化种植土壤质量,宜用树皮、树枝粉碎物或核桃壳等材料覆盖,防止裸土见光和水土流失。有机植物材料及覆盖方法与质量应符合《绿化植物废弃物处置和应用技术规程》(GB/T 31755—2015)中的相关规定。

**表 4-3　种植土有效土层厚度**

| 植被类型 | | | 土层厚度/cm | 植被类型 | | 土层厚度/cm |
|---|---|---|---|---|---|---|
| 乔木 | 胸径≥20cm | | ≥180 | 棕榈类 | | ≥90 |
| | 胸径<20cm | 深根 | ≥150 | 竹类 | 大径 | ≥80 |
| | | 浅根 | ≥100 | | 中小径 | ≥50 |
| 灌木 | 大、中灌木、大藤本 | | ≥90 | 草坪、花卉、草本地被 | | ≥60 |
| | 小灌木、小藤本 | | ≥40 | | | |

(2)有机质:常用的有机质有泥炭土、农作物秸秆、腐叶土、堆肥、蘑菇肥、糠壳、锯木屑、厩肥以及塘泥或经过腐熟后的动物粪便等。

(3)草纤维:稻草纤维、稻壳、沓糠或阔叶树腐熟木屑等,用于改善土壤结构。

(4)黏合剂:可降解高分子材料,能溶于水,底基层黏度大于1500CPS,表层黏度大于800CPS。

(5)保水剂:粉末状,pH 值为 8~9,吸水倍率大于 400,饱和吸水时间小于 20min,不溶于水。

(6)肥料:包括尿素和复合肥等。

(7)种子:草、灌结合,采用三重混播模式,即草本-灌木组合(木本与草本植物协同配置)、温型互补混播(冷季型与暖季型草种时序搭配)、豆科间作混播(豆科牧草与禾本科作物科间组合)。

(8)水:用水量通过试验确定,基质稠度控制在既能黏结在岩面上,又不致产生流淌为宜。

常用基材推荐配比及用量见表4-4,其中种植土有效土层厚度应满足表4-3的规定。

表 4-4 常用基材推荐配比及用量

| 编号 | 基材名称 | 配比/(kg·m$^{-3}$) |
|---|---|---|
| 1 | 泥炭土 | ≥50 |
| 2 | 纤维物 | ≥20 |
| 3 | 尿素 | ≥0.15 |
| 4 | 保水剂 | ≥1 |
| 5 | 复合肥 | ≥1.5 |

植生混凝土的基质施工工艺不同于其他生态修复技术,基质应经过专用机械搅拌后喷播,基材推荐配比及用量见表4-5。

表 4-5 植生混凝土基材推荐配比及用量

| 编号 | 基材名称 | 配比/(kg·m$^{-3}$) |
|---|---|---|
| 1 | 种植土 | 900~1000 |
| 2 | 纤维物 | 20 |
| 3 | 水泥 | 100 |
| 4 | 保水剂 | 0.15 |
| 5 | 黏结剂 | 0.15 |
| 6 | 复合肥 | 1.5 |
| 7 | 水 | 50 |

## 4.3.2 陡直光滑岩壁生态修复先锋植物遴选及基质配比

### 4.3.2.1 乡土先锋植物遴选原则与方法

**1. 遴选原则**

由于石壁坡面光滑,几乎无任何基质,而且大多数坡度超过80°,近乎垂直,石壁的生态修复困难极大,是采石场生态恢复中的难点。如果解决了采石场石壁的修复,那么整个采石场的生态恢复就完成了一大半。在充分考虑石壁绿化特殊性的基础上,选择符合石壁绿化要求的植物。

(1)选择木质藤本植物,考虑到绿化的长期性,一般不选择草质藤本植物。

(2)选择抗性强的乡土植物,耐干旱、耐贫瘠、耐高温、耐强光照或阴湿,并具备一定的抵御极端气候

## 4 矿山生态修复关键技术

因子变化的能力。

(3)生长快速,能较快地覆盖石壁坡面。

(4)攀附能力强,具有发达的吸盘、气生根或卷须等攀缘器官。

(5)使石壁与周边自然环境协调,具有一定的观赏性。

**2. 遴选方法**

有研究表明,废弃地植被群落的土壤水土保持能力、通气透水性较差,植物难以定居,群落组成和结构单一,物种多样性水平较低,植被组成以一年生或两年生和多年生的草本植物为主,优势植物以禾本科、菊科和豆科等一些耐旱、耐贫瘠的植物为主,如狗牙根、小飞蓬、三叶草等。在废弃尾矿库上自然定居的植物可以适应矿山废弃地的极端的立地条件,可作为金属矿区植被重建的优选物种。因此,研究矿山废弃地上自然生长的植物是寻找矿山生态修复植物的有效途径之一。

藤本植物相对于传统生态修复方法中的草本植物来说,在生态恢复中具有独特的优势,就采石场石壁这种干旱、瘠薄的特殊环境而言,藤本植物对水、肥的需求较草本植物更少,适应性更强,具有更发达的根系和更高的生物量,对坡面的绿化效果好。

湖北地处亚热带季风气候区内,亚热带常绿阔叶林是主要的植被类型,四季常青为其主要的季相特征。由于采石场的生态恢复是以周边地理环境的植被类型为参照的,这对绿化植物的选择也具有一定的影响。地理分异的存在,使得从华北、华东到华南不同地域的采石场生态修复后呈现出不同的绿化效果。具体到某一采石场石壁绿化的时候,究竟采用哪种或者哪几种藤本植物,还需要因地制宜,具体问题具体分析。

**3. 先锋植物遴选结果**

1)爬山虎

(1)爬山虎简介。爬山虎(图4-15)又名爬墙虎、地锦,原产我国。世界范围内总共约15种爬山虎,主要分布于北美和亚洲,我国有10种,北起长白山,南至广东、广西,分布广泛。爬山虎可植于建筑物旁,一、二年间即可布满墙壁。爬山虎特点如下:木质藤本,有吸盘状卷须攀附于他物上;叶互生,单叶或指状复叶或分裂;花常两性,很少杂性,组成聚伞花序,常5数;花瓣开展,逐片脱落;下位花盘缺;子房2室,每室有胚珠2颗;浆果小,有种子1~5颗。

(2)爬山虎在绿化中的应用。爬山虎在绿化中已得到广泛应用,尤其在立体绿化中发挥着举足轻重的作用。它不仅可达到绿化、美化效果,同时也发挥增氧、降温、减尘、减少噪声等作用,是藤本类绿化植物中用得最多的材料之一。爬山虎与其他绿化植物相比,有如下四大独特优势:①吸附攀缘能力非常强;②生命力非常顽强;③生长速度快;④覆盖效果非常好。

在护坡绿化方面,如高速公路等护坡绿化时,栽植爬山虎可以达到令人满意的绿化效果。且爬山虎是秋季色叶植物,深秋时,叶片由绿变黄再变红,色彩鲜艳,透亮,在连绵不断的坡面上,无论远观还是俯瞰,均令人赏心悦目。此外,爬山虎观赏期从9月下旬至11月中旬长达近两个月,每逢深秋,"霜重色愈浓"。

(3)爬山虎的繁育方法。播种法:采收后的种子搓去果皮、果肉,洗净晒干后可放在湿沙中低温贮藏一冬,保温、保湿有利于催芽,次年早春3月中上旬即可露地播种,薄膜覆盖,5月上旬即可出苗,培养1~2年即可出圃。

扦插法:早春剪取茎蔓20~30cm,插入露地苗床,灌水,保持湿润,很快便可抽蔓成活,也可在夏、秋季用嫩枝带叶扦插,遮阴浇水养护,也能很快抽生新枝,扦插成活率较高,应用广泛。

压条法:可采用波浪状压条法,在雨季阴湿无云的天气里进行,成活率高,秋季即可分离移栽,次年定植。

图 4-15 爬山虎

2)常春油麻藤

(1)常春油麻藤简介。常春油麻藤(图 4-16)是豆科、黧豆属常绿木质藤本植物,其叶四季常青,色泽光亮,主要分布在亚热带、温带地区,产于中国四川、贵州、云南、陕西南部(秦岭南坡)、湖北、浙江、江西、湖南、福建、广东、广西。它的藤茎长达 25m,老茎直径超过 30cm,树皮有皱纹,幼茎有纵棱和皮孔。

(2)常春油麻藤的繁育方法。常春油麻藤生命力和繁殖力都很强,播种、扦插、压条、嫁接均可。

播种法:播种于开春前进行,采用营养杯或营养袋播种育苗,这样便于移栽或定植。将种子点播于装有营养土的杯子和袋子中,用草覆盖,经常喷水保湿;长至 30cm 左右时进行移栽,同时用 2m 长的木棒交叉搭架,便于苗木出苗、起苗。

扦插法:①硬枝扦插。秋末选取生长健壮的 1～2 年生枝条(带 3～4 个芽),剪成插穗。之后在 1000 倍高锰酸钾或 800 倍多菌灵溶液中浸泡 10～12h,阴干沙藏。第二年早春,在树液流动前开始扦插。②软枝扦插。时间一般在 5—9 月,插穗的剪取方法基本与硬枝插穗相同,不过需要留少量叶片,一般为 1 片或半片,最多不超过 2 片。

(3)常春油麻藤的潜在危害。常春油麻藤有很强的缠绕树干的特性,主藤沿着寄主树干爬行,向四面八方强力延伸的藤蔓像施展了唐僧的"紧箍术",死死勒住寄主的树干,依靠扎入土中的附生根,争夺寄主的养料和水分,它繁茂的枝条与寄主相互争夺阳光。一旦被常春油麻藤缠上,即使是参天大树,成活的几率也较小,因生长所必需的阳光被遮蔽,身体上的藤蔓越来越重,参天大树最终会不堪重负地倒下。

#### 4.3.2.2 先锋植物快速扦插繁育试验

黄冈地区废弃高陡采石场矿山数量较多,如采用爬山虎开展矿山生态修复,需要大量爬山虎植株。因此,首先要解决爬山虎快速繁育的技术问题。扦插繁育是无性繁殖方法的一种,也是最经济、简单、快速的育苗方法。植物扦插生根的影响因素有多种,主要包括扦插基质种类及配比、生根剂种类及浓度、

# 4 矿山生态修复关键技术

图4-16 常春油麻藤

插穗条件、扦插时间等。根据前人研究结果,影响植物扦插生根最为显著的是基质与生根剂。项目团队通过扦插试验获得爬山虎快速、高效扦插繁育的最优处理方法,为陡壁硬岩矿山植被恢复提供技术支撑。

**1. 试验方案设计**

为获得爬山虎和常春油麻藤的快速繁育方法,对上述两种乡土先锋植物开展扦插试验。将河沙、泥炭土、蛭石、珍珠岩按不同比例混合,作为扦插基质;将萘乙酸(NAA)、吲哚乙酸(IAA)配制成不同质量浓度的溶液,作为生根剂对插条进行浸泡处理。试验方案如下。

(1)植物类型:爬山虎、常春油麻藤。

(2)扦插基质:将河沙、泥炭土、珍珠岩、蛭石按照不同比例配制成扦插基质,材料组成分别为:①100%河沙;②100%泥炭土;③泥炭土与蛭石体积比为1∶1;④泥炭土与珍珠岩体积比为1∶1。

(3)生根剂类型:萘乙酸(NAA)、吲哚乙酸(IAA)。

(4)生根剂浓度:50mg/L、100mg/L、200mg/L。

进行组合试验全因子设计,共计48个方案,同时增加1组自来水作为溶液对插条进行浸泡处理作为空白对照组,连续30d对插条生根率、平均生根数、平均根长、生根指数等情况进行分析。

**2. 试验过程**

1)扦插基质制备

采用大号塑料花盆作为插床,尺寸为70cm×40cm×32cm(容量50L)。花盆底部垫有高度为3cm的透气网。透气网不仅可以增强花盆底部的透气性,而且可以起到蓄水保湿的作用。

采用河沙、泥炭土、蛭石、珍珠岩配置成上述4类插床基质,并用水壶将稀释后的土壤消毒剂均匀喷洒在基质表面,从底部翻动基质,每隔30min重复上述步骤1次,共重复3次。

2）插条制备

为获得扦插成活的健壮优良新植株，选择在野外现场长势良好、无病虫危害先锋植物植株，取20～25cm的半木质化枝条作为插穗，要求节间较短、枝叶粗壮、芽尖饱满，用塑料保鲜袋包裹后运回实验室备用，再将取回的先锋植物半木质化枝条加工成长15cm、直径约0.2cm的扦插条，扦插条上保留2～3个发育饱满的芽。扦插条切口应光滑，上端切口剪成水平状，以减少养分消耗，下端切口剪成斜状，以扩大插条与土壤的接触面、吸水面和生根面。在加工扦插条时，下端切口应紧靠下一个芽子的节下部（图4-17），因节的部位形成层细胞比较活跃，扦插后容易产生愈伤组织而生根。

爬山虎插条　　　　　　　　　　常青油麻藤插条

图4-17　插条制备

3）生根剂处理

将纯度为99%的吲哚乙酸和萘乙酸粉末溶解在90%浓度的酒精中，然后与水混合，分别配置成50mg/L、100mg/L、200mg/L三种浓度的生根剂。

制备好不同种类、浓度的生根剂溶液后，将事先准备好的插条置于溶液中浸泡，浸泡时间为30min。

4）扦插

将浸泡后的爬山虎和常春油麻藤插条按照10cm间距分别插入4种基质插床（河沙、泥炭土、泥炭土＋蛭石、泥炭土＋珍珠岩），插入深度为5cm。扦插后，每天早晚各浇水1次，浇水量视基质含水情况而定。

扦插育苗的关键在于控制温度与湿度，温度过高，水分蒸发快，会导致插条缺水，温度过低则会降低插条代谢速率；湿度过高会导致插条霉变腐烂，湿度过低则会因蒸腾作用强烈而导致缺水。为模拟室外扦插育苗条件，通过通风和洒水保持室内温度基本在18～25℃之间，湿度基本在50%～70%之间。

5）培育期间管理

扦插试验期间，持续观察记录插条的生长情况。一方面，为确保插床基质内水分充足，插条扦插后每日早晚分别浇水1次，使基质长期处于潮湿状态，以利于插条吸收水分；另一方面，保持实验室通风，并通过开闭窗帘和日光灯照射，适当控制光照强度和时间。此外，每日浇水时应仔细检查扦插基质中是否出现杂草，一经发现，立即清除。

**3. 试验结果分析**

1）爬山虎扦插试验结果分析

扦插试验开始后第30天对每一株插穗的生根情况进行统计，得到不同基质、不同生根剂种类及浓度条件下爬山虎插穗的最大根长、平均根长、生根率、成活率、萌芽率、平均生根数和生根指数等参数，具体试验结果见表4-6。

表 4-6 爬山虎扦插试验结果

| 基质 | 生根剂 | 最大根长/mm | 平均根长/mm | 生根率/% | 成活率/% | 萌芽率/% | 平均生根数/根 | 生根指数/cm |
|---|---|---|---|---|---|---|---|---|
| 河沙 | 空白对照 | 135 | 58 | 100 | 100 | 100 | 9.2 | 53.36 |
| | N-50mg/L | 185 | 75 | 100 | 93 | 93 | 18.2 | 136.50 |
| | N-100mg/L | 190 | 63 | 100 | 100 | 100 | 12.8 | 80.64 |
| | N-200mg/L | 130 | 62 | 100 | 87 | 87 | 13.6 | 84.32 |
| | Y-50mg/L | 40 | 18 | 60 | 80 | 80 | 1.2 | 1.30 |
| | Y-100mg/L | 15 | 12 | 40 | 67 | 67 | 0.6 | 0.29 |
| | Y-200mg/L | 100 | 70 | 20 | 33 | 33 | 0.8 | 1.12 |
| 泥炭土 | 空白对照 | 200 | 90 | 100 | 93 | 93 | 3.2 | 28.80 |
| | N-50mg/L | 120 | 74 | 100 | 93 | 93 | 7.0 | 51.80 |
| | N-100mg/L | 90 | 50 | 80 | 87 | 87 | 3.4 | 13.60 |
| | N-200mg/L | 150 | 65 | 100 | 87 | 87 | 7.8 | 50.70 |
| | Y-50mg/L | 110 | 49 | 40 | 67 | 67 | 1.8 | 3.53 |
| | Y-100mg/L | 50 | 32 | 60 | 73 | 73 | 0.8 | 1.54 |
| | Y-200mg/L | 90 | 51 | 80 | 53 | 53 | 1.6 | 6.53 |
| 泥炭土+珍珠岩 | 空白对照 | 100 | 59 | 100 | 93 | 93 | 6.0 | 35.40 |
| | N-50mg/L | 100 | 57 | 100 | 100 | 100 | 16.6 | 94.62 |
| | N-100mg/L | 140 | 50 | 100 | 93 | 93 | 12.6 | 63.00 |
| | N-200mg/L | 140 | 54 | 60 | 73 | 73 | 5.6 | 18.14 |
| | Y-50mg/L | 0 | 0 | 0 | 73 | 73 | 0.0 | 0.00 |
| | Y-100mg/L | 110 | 44 | 80 | 73 | 73 | 2.2 | 7.74 |
| | Y-200mg/L | 50 | 33 | 20 | 40 | 40 | 0.4 | 0.26 |
| 泥炭土+蛭石 | 空白对照 | 135 | 53 | 100 | 93 | 93 | 4.8 | 25.44 |
| | N-50mg/L | 135 | 75 | 100 | 93 | 93 | 9.6 | 72.00 |
| | N-100mg/L | 110 | 68 | 100 | 80 | 80 | 12.8 | 87.04 |
| | N-200mg/L | 40 | 28 | 40 | 73 | 73 | 0.8 | 0.90 |
| | Y-50mg/L | 40 | 17 | 40 | 80 | 80 | 0.8 | 0.54 |
| | Y-100mg/L | 30 | 16 | 80 | 80 | 80 | 0.8 | 1.02 |
| | Y-200mg/L | 20 | 14 | 40 | 53 | 53 | 1.0 | 0.56 |

注：空白对照为清水浸泡；N 表示萘乙酸；Y 表示吲哚乙酸；后同。

(1)不同处理对生根率的影响。不同基质、不同生根剂种类及浓度条件下爬山虎的扦插生根率见图 4-18。可以看出，清水浸泡和萘乙酸处理的插穗，其生根率明显高于使用吲哚乙酸处理的插穗。清水浸泡与50mg/L萘乙酸处理的插穗,在4种基质中的生根率均高达100%。随着萘乙酸浓度的增大,除河沙外,其余基质中的插穗生根率大体上均呈逐渐降低趋势。以上结果表明,清水浸泡及使用低浓度的萘乙酸溶液浸泡,有利于爬山虎插穗生根,但萘乙酸浓度超过100mg/L后,反而不利于爬山虎插穗生根。插穗经吲哚乙酸处理后,生根率均低于空白对照组,表明浓度为50～200mg/L的吲哚乙酸在一定程度上抑制了爬山虎插穗生根。综上所述,以基质、生根剂种类及浓度作为主控因素的试验对比结果表明,采用河沙基质配合清水及50mg/L萘乙酸处理的插穗生根率最高,而使用吲哚乙酸作为生根剂的处理组生根率最低,具体表现为萘乙酸处理组的生根率较吲哚乙酸处理组提升约60%。

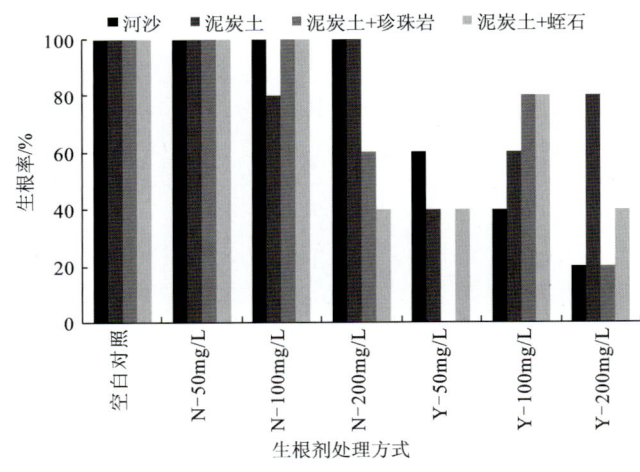

图4-18 基质、生根剂对生根率的影响

(2)不同处理对平均生根数的影响。不同基质、不同生根剂种类及浓度条件下爬山虎的扦插平均生根数见图4-19。可以看出,采用萘乙酸处理的插穗平均生根数相对较多,清水浸泡的插穗平均生根数次之(平均约4.0),吲哚乙酸处理的插穗平均生根数最少(低于3.0)。在萘乙酸处理的各组结果中,整体而言,相同生根剂质量浓度条件下,以河沙为基质的插穗平均生根数最多,其中浓度为50mg/L时达到最大值18.2,泥炭土+珍珠岩次之,泥炭土、泥炭土+蛭石最少。以上结果表明,浸泡较低质量浓度(如50mg/L)的萘乙酸,可以有效提高爬山虎插穗的生根数量,但萘乙酸质量浓度过大时(如200mg/L),其促根效果会减弱。综上所述,河沙为基质、低浓度萘乙酸处理的爬山虎插穗平均生根数较多。

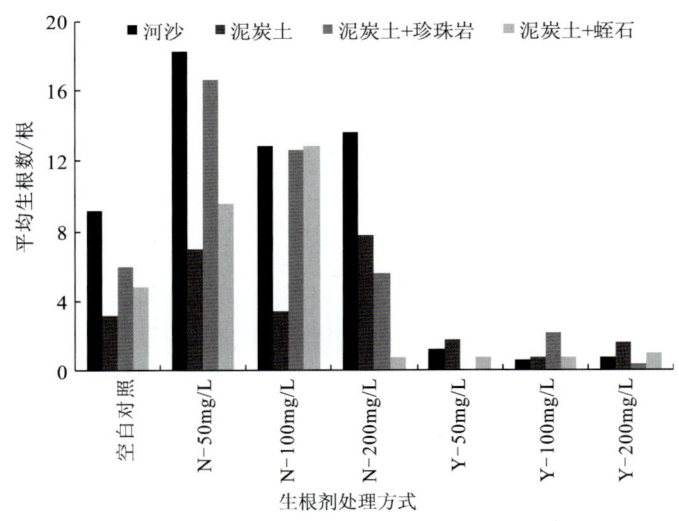

图4-19 基质、生根剂对平均生根数的影响

(3)不同处理对平均根长的影响。不同基质、不同生根剂种类及浓度条件下爬山虎的平均根长见图4-20。可以看出,清水浸泡和萘乙酸处理的插穗,其平均根长明显大于吲哚乙酸处理的插穗。在萘乙酸处理的各组结果中,随着萘乙酸质量浓度的增大,4种基质中插穗的平均根长均逐渐减小,表明萘乙酸浓度升高后,反而不利于根系生长。在吲哚乙酸处理的各组结果中,随着吲哚乙酸质量浓度的增大,整体上4种基质中插穗的平均根长逐渐增大,其中河沙最为显著,表明适当增大吲哚乙酸质量浓度可以促进插穗新生根系的生长。综上所述,经清水和适当浓度萘乙酸浸泡处理的爬山虎插穗新生根系平均长度相对较大。

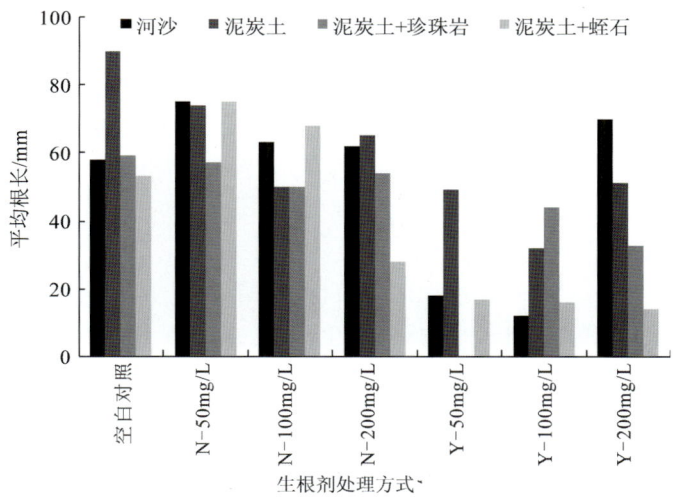

图4-20 基质、生根剂对平均根长的影响

(4)不同处理对生根指数的影响。不同基质、不同生根剂种类及浓度条件下爬山虎的扦插生根指数见图4-21。可以看出,采用萘乙酸浸泡处理的爬山虎插穗生根指数最大,清水次之,吲哚乙酸最小。整体而言,在萘乙酸浸泡处理的各组试验结果中,生根指数随萘乙酸质量浓度的增大而减小;萘乙酸浓度相同的条件下,河沙作为基质时生根指数最大,其次为泥炭土+珍珠岩。在清水浸泡处理的试验结果中,河沙作为基质时生根指数最大。综上所述,河沙为基质、低浓度萘乙酸处理的爬山虎插穗生根指数最大。

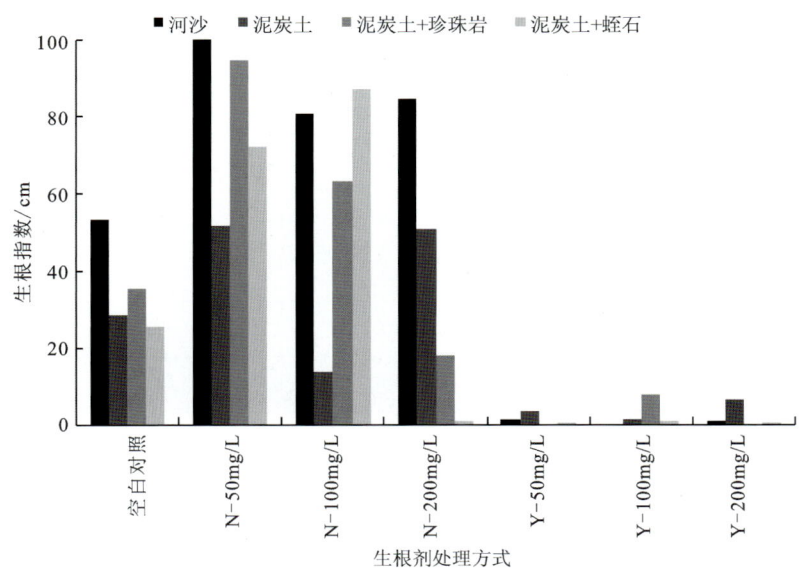

图4-21 基质、生根剂对生根指数的影响

综上所述,可得以下结论:

(1)基质和生根剂种类、浓度对爬山虎插穗生根均有较大影响,其中,以河沙、泥炭土+珍珠岩为基质,以50mg/L萘乙酸为激素,爬山虎的生根效果可达到最优水平。

(2)河沙或泥炭土+珍珠岩作为基质时,插穗生根率、生根数量高于其他基质。河沙的特点是水分充足、基本无养分、孔隙率大(透气性好),泥炭土与珍珠岩混合基质的特点是水分较充足、养分较丰富、孔隙率大(透气性好)。爬山虎插条在上述两种基质中扦插,其生根情况基本一致,表明爬山虎扦插生根对基质的含水特性、透气性较敏感,对基质的养分不敏感。

(3)生根剂对爬山虎插穗生根效果影响显著。一方面,其他条件相同情况下,萘乙酸对爬山虎生根效果的促进作用明显高于吲哚乙酸,表明萘乙酸更适合作为爬山虎扦插的生根激素。另一方面,不同浓度的萘乙酸对爬山虎插穗生根效果的影响有显著差异,随着浓度升高,萘乙酸对爬山虎生根效果的促进作用逐渐减弱。

(4)综合考虑技术、经济等方面的因素,建议在实际工程中采用河沙+50mg/L萘乙酸的方案,能取得较好的扦插效果。

2)常春油麻藤扦插试验结果分析

扦插试验开始后第30天,对每一株插穗的生根情况进行统计,得到不同基质、不同生根剂种类及浓度条件下常春油麻藤插穗的最大根长、平均根长、生根率、成活率、萌芽率、平均生根数、生根指数等参数,具体试验结果见表4-7。

表4-7 常春油麻藤扦插试验结果

| 基质 | 生根剂 | 最大根长/mm | 平均根长/mm | 生根率/% | 成活率/% | 萌芽率/% | 平均生根数/根 | 生根指数/cm |
|---|---|---|---|---|---|---|---|---|
| 河沙 | 空白对照 | 80 | 21.8 | 40 | 20 | 0 | 2.2 | 1.92 |
| | N-50mg/L | 110 | 42.0 | 80 | 67 | 0 | 4.6 | 15.46 |
| | N-100mg/L | 75 | 22.6 | 60 | 53 | 0 | 7.4 | 10.03 |
| | N-200mg/L | 45 | 10.8 | 40 | 20 | 0 | 2.2 | 0.95 |
| | Y-50mg/L | 160 | 52.8 | 60 | 47 | 0 | 2.2 | 6.97 |
| | Y-100mg/L | 0 | 0.0 | 0 | 0 | 0 | 0.0 | 0.00 |
| | Y-200mg/L | 80 | 12.6 | 20 | 20 | 0 | 1.4 | 0.35 |
| 泥炭土 | 空白对照 | 180 | 42.6 | 40 | 40 | 0 | 1.4 | 2.39 |
| | N-50mg/L | 185 | 86.0 | 100 | 67 | 20 | 6.2 | 53.32 |
| | N-100mg/L | 130 | 50.2 | 80 | 53 | 40 | 6.8 | 27.31 |
| | N-200mg/L | 60 | 8.0 | 20 | 13 | 0 | 0.6 | 0.10 |
| | Y-50mg/L | 80 | 38.8 | 80 | 53 | 0 | 4.2 | 13.04 |
| | Y-100mg/L | 80 | 9.6 | 20 | 7 | 0 | 0.6 | 0.12 |
| | Y-200mg/L | 100 | 41.8 | 60 | 40 | 0 | 2.6 | 6.52 |

续表 4-7

| 基质 | 生根剂 | 最大根长/mm | 平均根长/mm | 生根率/% | 成活率/% | 萌芽率/% | 平均生根数/根 | 生根指数/cm |
|---|---|---|---|---|---|---|---|---|
| 泥炭土＋珍珠岩 | 空白对照 | 0 | 0.0 | 0 | 13 | 0 | 0.0 | 0.00 |
| | N-50mg/L | 140 | 21.4 | 60 | 60 | 0 | 3.4 | 4.37 |
| | N-100mg/L | 100 | 37.8 | 60 | 80 | 0 | 5.0 | 11.34 |
| | N-200mg/L | 100 | 22.4 | 60 | 40 | 0 | 2.0 | 2.69 |
| | Y-50mg/L | 90 | 0.0 | 40 | 40 | 0 | 2.2 | 0.00 |
| | Y-100mg/L | 0 | 0.0 | 0 | 13 | 0 | 0.0 | 0.00 |
| | Y-200mg/L | 0 | 0.0 | 0 | 0 | 0 | 0.0 | 0.00 |
| 泥炭土＋蛭石 | 空白对照 | 0 | 0.0 | 0 | 0 | 0 | 0.0 | 0.00 |
| | N-50mg/L | 60 | 8.0 | 20 | 7 | 0 | 1.0 | 0.16 |
| | N-100mg/L | 55 | 13.4 | 40 | 33 | 0 | 1.8 | 0.96 |
| | N-200mg/L | 20 | 3.0 | 20 | 33 | 0 | 0.6 | 0.04 |
| | Y-50mg/L | 40 | 13.6 | 40 | 40 | 0 | 0.6 | 0.33 |
| | Y-100mg/L | 0 | 0.0 | 0 | 7 | 0 | 0.0 | 0.00 |
| | Y-200mg/L | 0 | 0.0 | 0 | 0 | 0 | 0.0 | 0.00 |

(1) 不同处理对生根率的影响。不同基质、不同生根剂种类及浓度条件下常春油麻藤的扦插生根率见图 4-22。可以看出,低浓度萘乙酸和吲哚乙酸处理的插穗,其生根率明显高于清水浸泡的插穗。经浓度为 50mg/L、100mg/L 萘乙酸处理,以及 50mg/L 吲哚乙酸处理的插穗中,生根剂种类及浓度相同时,泥炭土作为基质的情况下生根率最高,河沙作为基质的情况下生根率略低。整体而言,随着萘乙酸浓度的增大,常春油麻藤插穗的生根率逐渐减小。以上表明,清水浸泡及低浓度萘乙酸溶液浸泡有利于常春油麻藤插穗生根,但萘乙酸浓度超过 100mg/L 后,反而不利于常春油麻藤插穗生根。插穗经 50mg/L 吲哚乙酸处理后,生根率高于空白对照组,生根剂浓度增大到 100mg/L、200mg/L 后,生根率显著降低,这表明高浓度的吲哚乙酸抑制了常春油麻藤插穗生根。综合考虑基质、生根剂 2 个方面的因素,以河沙为基质、经清水及 50mg/L 萘乙酸处理的插穗生根率最高,以吲哚乙酸作为生根剂处理的插穗生根率最低。

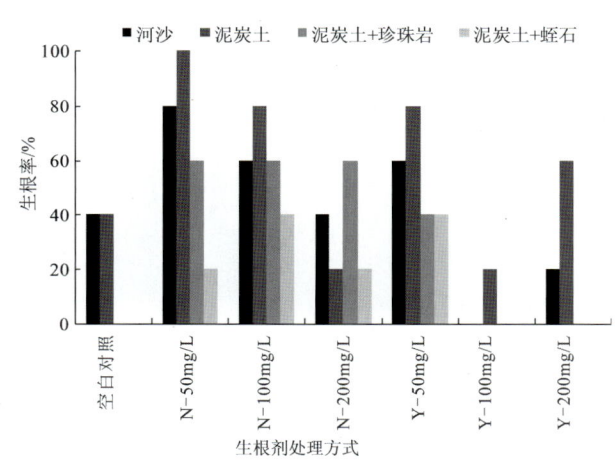

图 4-22 基质、生根剂对生根率的影响

(2) 不同处理对平均生根数的影响。不同基质、不同生根剂种类及浓度条件下常春油麻藤的扦插平均生根数见图 4-23。可以看出,低浓度萘乙酸处理的插穗,其平均生根数明显高于清水浸泡和吲哚乙酸浸泡的插穗。其中,100mg/L 萘乙酸处理的插穗生根数最多,其次是 50mg/L 萘乙酸处理的插穗。经

浓度为50mg/L萘乙酸处理、基质为泥炭土的插穗生根数最多,约6.3根;经浓度为100mg/L萘乙酸处理、基质为河沙的插穗生根数最多,约7.5根。整体而言,随着萘乙酸浓度的增大,常春油麻藤插穗的平均生根数先增大后减小,在浓度为100mg/L时接近峰值。这表明,清水及中等浓度萘乙酸溶液浸泡有利于常春油麻藤插穗生根,萘乙酸浓度过高和过低时,均不利于常春油麻藤插穗生根,100mg/L是较适宜的浓度。

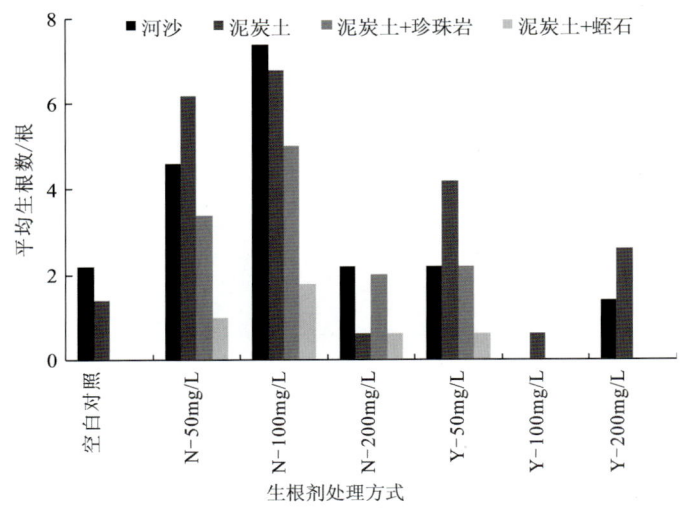

图4-23　基质、生根剂对平均生根数的影响

(3)不同处理对平均根长的影响。不同基质、不同生根剂种类及浓度条件下常春油麻藤的平均根长见图4-24。可以看出,浓度为50mg/L、100mg/L萘乙酸处理,以及浓度为50mg/L吲哚乙酸处理的插穗,其平均根长明显大于其他处理的插穗。在萘乙酸处理的各组结果中,随着萘乙酸质量浓度的增大,4种基质中插穗的平均根长整体上逐渐减小,表明较高浓度的萘乙酸不利于根系生长。清水浸泡处理的插穗,仅在河沙和泥炭土中有生根,其余基质中未见生根。

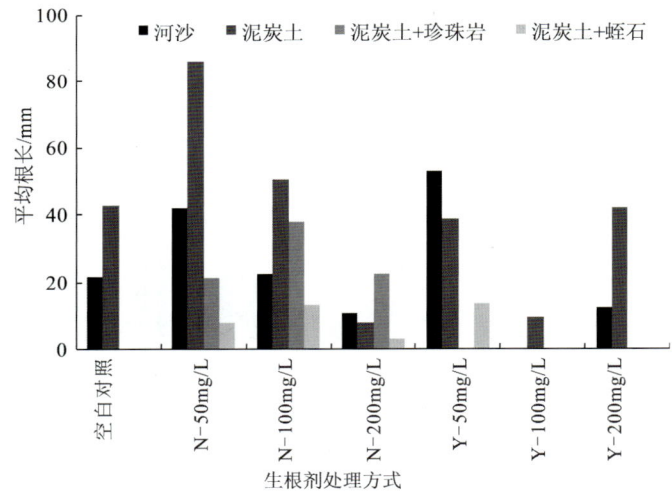

图4-24　基质及生根剂对平均根长的影响

(4)不同处理对生根指数的影响。不同基质、不同生根剂种类及浓度条件下常春油麻藤的扦插生根指数见图4-25。可以看出,采用浓度为50mg/L、100mg/L萘乙酸浸泡处理的常春油麻藤插穗生根指数较大,50mg/L吲哚乙酸次之,其余处理的生根指数均较小。其中,经50mg/L吲哚乙酸处理的插穗,当

## 4 矿山生态修复关键技术

基质为泥炭土时,生根指数约54cm,远高于其他基质以及其他工况。整体而言,在萘乙酸浸泡处理的各组试验结果中,生根指数随萘乙酸质量浓度的增大而减小;萘乙酸浓度相同的条件下,泥炭土作为基质时生根指数最大。

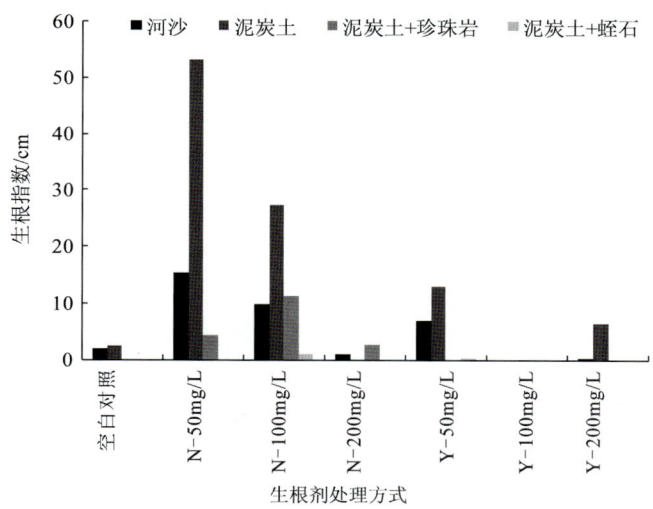

图 4-25 基质、生根剂对生根指数的影响

综上所述,可得如下结论:

(1)基质和生根剂种类、浓度对常春油麻藤插穗生根均有较大影响,其中,以泥炭土为基质、以50mg/L 萘乙酸作为生根剂时,常春油麻藤的生根效果最佳。

(2)泥炭土作为基质时,插穗生根效果优于其他基质,可能是因为常春油麻藤在伤口愈合、生根过程中对养分的需求量较大。泥炭土是缺氧情况下分解不充分的植物残体,富含植物生长的营养物质,因而有利于常春油麻藤生根。其他基质的营养成分相对较少,因而生根效果不佳。这表明常春油麻藤插条生根对养分的要求相对较高。

(3)生根剂对常春油麻藤插穗生根效果影响显著。一方面,其他条件相同情况下,萘乙酸对常春油麻藤生根效果的促进作用明显高于吲哚乙酸,这表明萘乙酸更适合作为常春油麻藤扦插生根激素;另一方面,不同浓度的萘乙酸对常春油麻藤插穗生根效果的影响有显著差异,随着浓度升高,萘乙酸对常春油麻藤生根效果的促进作用逐渐减弱。

(4)综合考虑技术、经济等方面的因素,建议在实际工程中采用泥炭土+50mg/L 萘乙酸的方案能取得较好的扦插效果。

**4. 结论**

采用相同方式处理的爬山虎插条生根率、平均生根数、平均根长、生根指数4个指标均明显优于常春油麻藤。由此可见,在现有条件下,爬山虎比常春油麻藤更易于快速繁育。考虑到黄冈地区采石场矿山陡壁硬岩边坡数量多、面积大,开展生态修复需要快速高效地繁育大量植株,从快速繁育的角度来看,爬山虎更合适。此外,考虑到爬山虎生长对矿区乔木、灌木的影响较小,而常春油麻藤的生长可能会威胁到矿区当前的生态平衡,因此建议优先选用爬山虎作为矿山生态修复植物。

对于爬山虎插穗而言,以河沙或泥炭土+珍珠岩为基质、以 50mg/L 萘乙酸作为激素,其生根效果可达到最优水平。综合考虑技术、经济等方面的因素,建议在实际工程中采用河沙+50mg/L 萘乙酸方案进行爬山虎扦插。

### 4.3.2.3 先锋植物耐旱、耐瘠薄特性试验研究

采石场矿区及周边地表土体覆盖层较薄,表层多为花岗岩风化后形成的砂质土,该类土含沙量多、颗粒粗糙,渗水速度快,保水性能差,有机质含量低,属于贫瘠、保水能力差的不良基质,不利于生态修复植物的快速生长。考虑到有机质土、黏土在当地属于稀缺资源,如对砂质土进行低成本的土质改良,则可以在一定程度上充分利用砂质土资源,降低基质制备成本。项目团队通过向砂质土中添加不同比例的黏土及保水剂,将其作为培养基质,对爬山虎植株进行室外栽培试验,模拟矿区长期干旱状态,得到最有利于爬山虎抵抗长期高温干旱条件的基质配比,为现场种植试验中基质制备提供参考。

**1. 试验方案设计**

为获得长期干旱、贫瘠条件下爬山虎的抗逆性,模拟矿区极端情况下的环境条件,开展室外盆栽试验。将尾矿砂、黏土按照一定质量比配制成培养基质,并在基质中加入一定量的保水剂、复合肥等,具体方案如下。

(1) 基质(尾砂和黏土比例):尾矿砂和黏土体积比设3个水平,分别为1∶0、1∶0.5、1∶1。

(2) 保水剂含量:设3个水平,分别为30g、15g、0g。

(3) 复合肥含量:设3个水平,分别为8g、4g、0g。

进行组合试验全因子设计,共计27种方案,每种方案种植2株(每盆1株),共计54盆,将植株种植在花盆中,置于室外长期高温、干旱的环境中,连续7d观察植株生长情况。

1) 培养基质配制

试验用风化砂采自黄冈市蕲春县某采石场所在山体中部,该风化砂系花岗岩风化而成,呈灰白色、棕黄色[图4-26(a)]。试验用黏土采自武汉市郊,黏土呈黄褐色、褐色,有机质含量较低,黏粒含量较高[图4-26(b)]。将黏土风干并碾碎,除去土中掺杂的石块等异物。根据试验设计方案,将上述风化砂和黏土按照1∶0、1∶0.5、1∶1三种体积比配制成栽培基质,每种基质分成9份,每份质量约2kg。

图4-26 试验用风化砂和黏土

复合肥料是指含有两种或两种以上营养元素的化肥,复合肥具有养分含量高、副成分少且物理性状好等优点,对于平衡施肥、提高肥料利用率、促进作物的高产稳产有着十分重要的作用。保水剂的本质是高吸水性树脂,它是一种吸水能力特别强的功能高分子材料,无毒无害,反复释水、吸水,因此农业上人们把它比喻为"微型水库"。同时,它还能吸收肥料、农药,并缓慢释放,增加肥效、药效。高吸水性树脂广泛用于农业、林业、园艺、建筑材料等。

采用电子秤准确称量保水剂和复合肥,分别与砂土基质拌和均匀,然后装入花盆中。花盆为塑料材质,顶部直径15cm,底部直径12cm,高23cm。

2)植株移植及养护

6月上旬,采集有根系的爬山虎枝条,加工成约10cm长的植株,装盆种植。因植株移栽过程中根系难免受到损伤,为避免烈日暴晒导致植株枯萎,种植后先在室内养护7d,每天早晚各浇1次水。待植株生长恢复正常后,再搬到室外开展耐旱、耐瘠薄试验。

3)耐旱、耐贫瘠特性测试

耐旱、耐贫瘠试验在户外场地进行,考虑到6月中旬白天气温较高、日照较强,将经过室内养护7d的植株转移到楼顶后,前3天早晚各浇1次水,以便使植株适应高温天气。3天后停止浇水,正式开始耐旱、耐贫瘠特性测试(图4-27)。

试验开始时

试验进行中

图4-27 耐旱、耐贫瘠室外试验

4)试验期间管理

在耐旱、耐贫瘠试验期间,持续观察记录爬山虎植株生长情况。每天早晨8时和下午6时分别观察植株一次,仔细检查枝叶生长变化,并记录。此外,记录气温、地面温度、风向风力等气象信息,用于试验结果分析。试验期间,对于基质中出现的杂草,一经发现,立即清除。

**2. 试验结果与分析**

1)试验期间气象条件

室外耐旱试验的主要目的是模拟采场夏季高温干旱期间的生长环境,对比爬山虎在不同基质配比、不同保水剂掺量条件下的耐旱特性。试验过程中详细记录了每天的气象信息,包括最高气温、最高地面温度、晴雨情况、风向及风级等,具体见表4-8。

可以看出,7月15日—7月24日天气均为晴朗或多云,最高气温为36～37℃,地面最高温度为54～56℃。整体而言,温度较高,持续干旱时间较长,与矿区夏季气象条件基本相同(图4-28)。

表 4-8 试验期间气象信息

| 气象条件 | 日期 | | | | | | | | | |
|---|---|---|---|---|---|---|---|---|---|---|
| | 7月15日 | 7月16日 | 7月17日 | 7月18日 | 7月19日 | 7月20日 | 7月21日 | 7月22日 | 7月23日 | 7月24日 |
| 最高气温/℃ | 36 | 37 | 37 | 37 | 37 | 37 | 37 | 36 | 37 | 37 |
| 地面最高温度/℃ | 54 | 55 | 55 | 55 | 56 | 56 | 56 | 54 | 55 | 56 |
| 晴雨情况 | 晴 | 多云 | 多云 | 多云 | 晴 | 晴 | 晴 | 多云 | 晴 | 晴 |
| 风向及风级 | 东南微风 | 东南微风 | 东南微风 | 东南2级 | 微风1级 | 微风微风 | 北风2级 | 东北2级 | 西风1级 | 南风1级 |

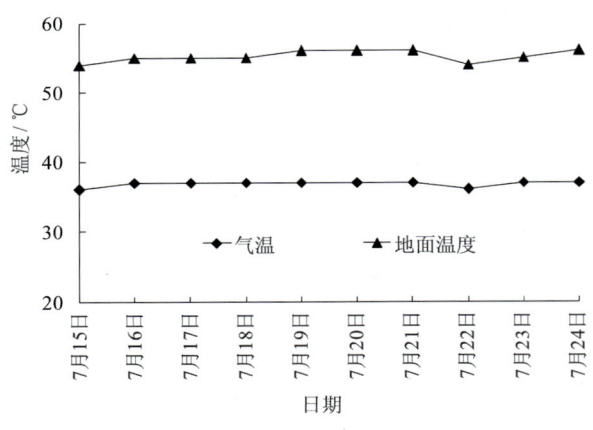

图 4-28 试验期间最高温变化情况

2）爬山虎植株耐旱特性

自 2018 年 7 月 15 日开始，每天下午 6 时观察并记录爬山虎植株生长情况。试验期间，大部分花盆中的植株随着高温、干旱时间的持续而陆续枯萎。对于枯萎的植株，记录其具体枯萎日期（图 4-29）。可以看出，试验的前 4 天（7 月 15 日—7 月 18 日）植株未出现枯萎；第 5 天（7 月 19 日）起开始出现植株枯萎，枯萎组数为 2 组；第 6 天（7 月 20 日）枯萎植株数量急剧增多，新增枯萎组数为 13 组；第 7 天（7 月 21 日）仅 4 组存活，此后每日新增枯萎组数逐渐减少。试验进行到第 9 天（7 月 23 日），仅剩 1 组植株存活。

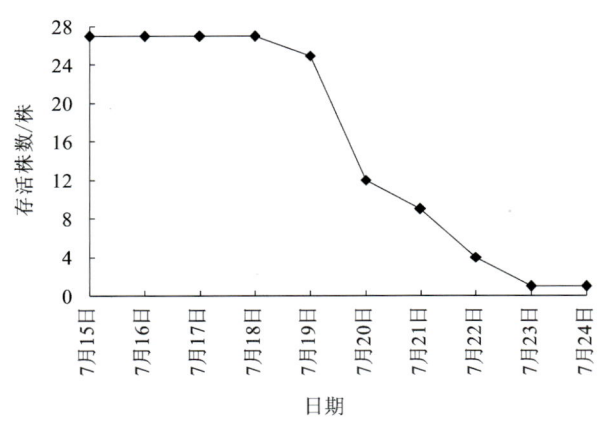

图 4-29 试验植株存活株数随日期变化规律

## 4　矿山生态修复关键技术

从对照试验的基质配方来看,试验编号为 2、5、8、23 的 4 组试样在持续干旱、高温条件下存活时间均达到 7d,其中试验编号为 23 的试样存活时间超过 9d。可以认为,编号为 23 的试样具有最强的抗逆高温、干旱能力,其对应的基质材料配比为砂土体积比 1∶1、保水剂掺量 15g、复合肥掺量 4g。

### 3. 结论

试验的前 4 天植株未出现枯萎,第 5 天有 2 组植株出现枯萎,第 6 天枯萎植株数量急剧增多,达 13 组,第 7 天仅剩 4 组未枯萎,第 9 天仅剩 1 组未枯萎。存活 9d 的植株对应的基质材料配比为砂土体积比 1∶1、保水剂掺量 15g、复合肥掺量 4g,建议在实际生态修复工程中采用该配比。需要说明的是,除了干旱外,高温也可能是造成幼苗植株干枯的重要原因之一,建议在栽种幼苗的头一年对植株进行遮阴防护,以增强夏季高温条件下幼苗的耐高温能力,提高幼苗成活率。

#### 4.3.2.4　先锋植物现场地栽试验研究

为验证爬山虎是否适合于高陡硬质岩壁矿山修复,开展爬山虎现场地栽试验。

**1. 试验方案设计**

根据室外耐旱、耐贫瘠试验结果,按照砂与黏土体积比为 1∶1、保水剂掺量为 15g 的配比,在现场配制培养基质。考虑到前期室外盆栽试验持续时间仅 1 周,难以有效反映复合肥对爬山虎生长的影响。为此,在现场地栽试验中增加复合肥掺量对照。按照盆栽试验中每盆基质体积与地栽试验中每箱基质体积的比例,地栽试验中基质保水剂掺量为 300g/箱。另外,复合肥掺量设置 0g/箱、100g/箱、300g/箱 3 种类型。

此外,考虑到爬山虎生长过程中攀附于岩壁之上,夏季岩壁温度远高于气温,最高可达 60℃。为了解爬山虎在夏季的耐高温性能,考察其是否会被高温岩壁灼伤,甚至干枯,有必要开展自然条件及壁面人为降温条件下爬山虎的生长情况对比试验。现场调查发现,在岩壁中部一坑洼处有大量积水,采用塑料管将水引流至边,水流在岩壁表面自上而下流淌,可起到降温增湿的作用。因此,极端气候条件下壁面温度设 2 种类型,即自然条件、人为引水降温。

综合考虑到复合肥掺量与壁面温度的影响,现场地栽试验共设置 6 个条件,即壁面自然条件下复合肥掺量分别为 0g/箱、100g/箱、300g/箱,以及壁面人工引水降温条件下复合肥掺量分别为 0g/箱、100g/箱、300g/箱。

**2. 试验过程**

1)培植箱制作

根据爬山虎植株生长需要,结合地栽试验场地条件和试验方案设置,制作了 6 个木箱作为爬山虎种植容器。木箱尺寸为 120cm×100cm×50cm,底部开 6 个圆孔,孔径为 10cm,用于排水。

2)基质配制

根据盆栽试验结果,采用砂∶黏土 1∶1 的比例配置基质,其中黏土取自矿区山脚附近的田间。为充分利用矿区材料,砂采用矿山表层的花岗岩风化砂(图 4-30)。

将砂与黏土混合后,掺入一定量保水剂和复合肥后反复搅拌,使各组分均匀分布,装入木箱后即可用于地栽试验(图 4-31)。

3)壁面引水

现场实地调查发现,陈从金矿高陡岩壁第二级平台(与开采地面高差约 12m)宽约 4m,靠近岩壁处有一前期开采留下的坑槽,宽约 3.5m、深约 1m(图 4-32)。降雨及山顶泉水在该坑槽内汇集,水量约 100m$^3$

图 4-30　现场试验用风化砂

图 4-31　现场地栽基质

采用 PVC 塑料水管将二级平台处积水引至一级平台下部壁面,并通过约束水管实现水流量控制。此次共采用 2 根水管引水,水管出口水流沿壁面向下流淌,并逐渐向两侧扩散,基本覆盖了其下部 3 个种植箱内爬山虎的攀爬范围。

4)试验期间管理

为防止试验设施及爬山虎植株受到自然、家畜或人为等因素破坏,采用 4 根钢管及钢筋网设置护栏,将种植箱保护起来,护栏高 1.5m(图 4-33)。

图 4-32　陈从金矿高陡岩壁二级平台处水坑

图 4-33　试验设施及护栏

**3. 试验结果与分析**

现场地栽试验主要是观察爬山虎在有无水源和不同复合肥含量下的生长情况，从而验证本研究项目的可行性。经过 6 个月的现场地栽试验发现，在有无水源和不同复合肥含量的条件下，爬山虎的成活率有明显差异（表 4-9）。

表 4-9  爬山虎的成活率及杂草生长情况

| 编号 | 爬山虎成活数量/株 | 杂草生长情况 |
| --- | --- | --- |
| 1 | 0 | 较少 |
| 2 | 1 | 较多 |
| 3 | 5 | 较少 |
| 4 | 5 | 较少 |
| 5 | 5 | 较多 |
| 6 | 3 | 较少 |

现场地栽试验中,编号 1、2、3 为无引水试验,编号 4、5、6 为引水试验;编号 1、3 试验箱中复合肥含量为 0g;编号 2、4 试验箱中复合肥含量为 100g;编号 3、6 试验箱中复合肥含量为 300g;其他试验条件均相同。

在爬山虎生长 6 个月后(中途有少量补栽),由统计数据可得,引水试验中爬山虎共存活 13 株,而无引水试验中爬山虎仅存活 6 株。由此可见,有无引水对爬山虎的存活有明显影响。在复合肥含量相同的条件下,4 号和 5 号存活率明显高于 1 号和 2 号;虽 6 号存活率较 3 号低,但总体而言,引水有利于爬山虎存活。

上述统计数据中,在无引水试验中,爬山虎存活株数依次为 0 株、1 株、5 株,由此可知,随着化合肥含量增加,爬山虎存活数量也随之增加。在有引水试验中,爬山虎存活数量依次为 5 株、5 株、3 株,爬山虎存活数量稍有降低,其中 4 号和 5 号试验虽然两者爬山虎存活数量相同,但后者基质中含有复合肥,营养更丰富,更有利于爬山虎生长。

从统计结果分析,有引水更有利于爬山虎存活。在无引水条件下,随复合肥含量增多,爬山虎存活率增加;而在有引水情况下,随复合肥含量增多,爬山虎存活率降低。经对比分析可知,在有引水且复合肥含量为 100g 的条件下最有利于爬山虎存活。

**4. 结论**

引水措施和复合肥掺量均对爬山虎存活率有影响。经综合分析得出,爬山虎最优的生长条件为采取引水措施且复合肥掺量为 100g/箱。在实际工程中,除了采用上述技术外,还需定期除去试验箱内杂草,防止杂草影响爬山虎的生长。

### 4.3.3 植物攀爬辅助装置

尽管爬山虎一类藤本植物具有极强的攀附能力,但能否牢固吸附光滑岩壁尚有待进一步考察。同时,吸附在岩壁上的爬藤植物还要受到自然风等外部荷载的威胁。为提高植物攀爬效率、增强植物附着的可靠性,宜在壁面增设金属网或金属线等,以辅助植物攀爬。

在壁面挂钢丝网的方法可以辅助植物攀爬,但需搭脚手架,施工难度大,成本相对较高。基于鄂东北地区露天非金属矿山生态修复经验,笔者提出了一种用于高陡硬质壁面绿化的植物攀爬辅助装置(专利号:CN202023021720.6),如图 4-34 所示。

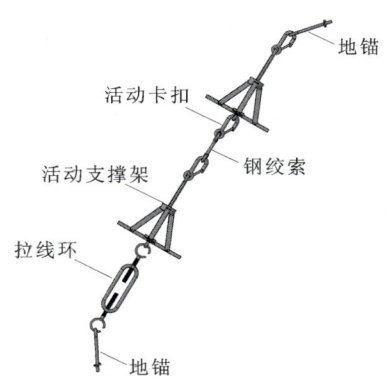

图 4-34　一种用于高陡硬质壁面绿化的攀爬辅助装置示意图

该辅助装置两端为地锚，用于将整个装置固定在高陡硬质壁面顶面的岩土体里，地锚中间可连接多个活动支撑架，活动支撑架顶端连有活动卡扣，底端有固定铁环，地锚通过活动卡扣与活动支撑架连接，活动支撑架下端有钢绞索，钢绞索一端连有活动卡扣，另一端为钢绞线环，钢绞索通过活动卡扣与活动支撑架底端固定铁环连接，根据壁面高度，通过钢绞索与多个活动支撑架相连至地面，位于底端的活动支撑架下端有拉线环，拉线环一端卡口与活动支撑架底端固定铁环连接，拉线环另一端卡口与地锚连接，将地锚固定在地面的岩土体里。

## 4.4　矿山生态修复技术体系

随着建筑材料需求增加，鄂东北地区出现了数百座采石场，但早期透支开采和不规范施工技术导致生态环境和地形遭到严重破坏，引发了诸多生态问题。例如，矿山采场边坡岩壁多为光滑陡壁，倾角近直立，高度 20~70m；尽管年降雨量约 1300mm，但矿区缺乏植被和土壤，导致降水难以被截留，形成地表径流，影响植被生长。

笔者对上述鄂东北露天非金属矿山生态修复关键难题的多年技术攻关成果进行提炼，结合现场调查和试验，总结出了如下鄂东北地区露天非金属矿山生态修复的三大关键技术。

(1)生态修复植物选择：针对高陡岩壁生态修复的难点，选择抗逆性强、生长快、攀附能力强且适应环境的木质藤本植物。确定爬山虎和常春油麻藤为乡土先锋植物。

(2)先锋植物繁育及种植基质匹配：①先锋植物快速扦插繁育试验结果表明，爬山虎扦插效果优于常春油麻藤，50L 容器中，推荐以河沙或泥炭土＋珍珠岩为基质、以 50mg/L 萘乙酸为最佳生根剂；②先锋植物耐旱、耐贫瘠特性试验结果表明，40L 容器中，尾矿砂与黏土配比为 1∶1、保水剂掺量 15g、复合肥掺量 4g 的基质材料是爬山虎存活最优配比；③先锋植物现场地栽试验结果表明，60L 容器中，现场引水措施和复合肥含量 100g/箱对爬山虎生长最有利。

(3)植物攀爬辅助措施：提出了一种高陡硬质壁面绿化的植物攀爬辅助装置，解决植物攀爬困难，降低施工难度和成本。

综上所述，鄂东北地区露天非金属矿山生态修复技术体系详见图 4-35。

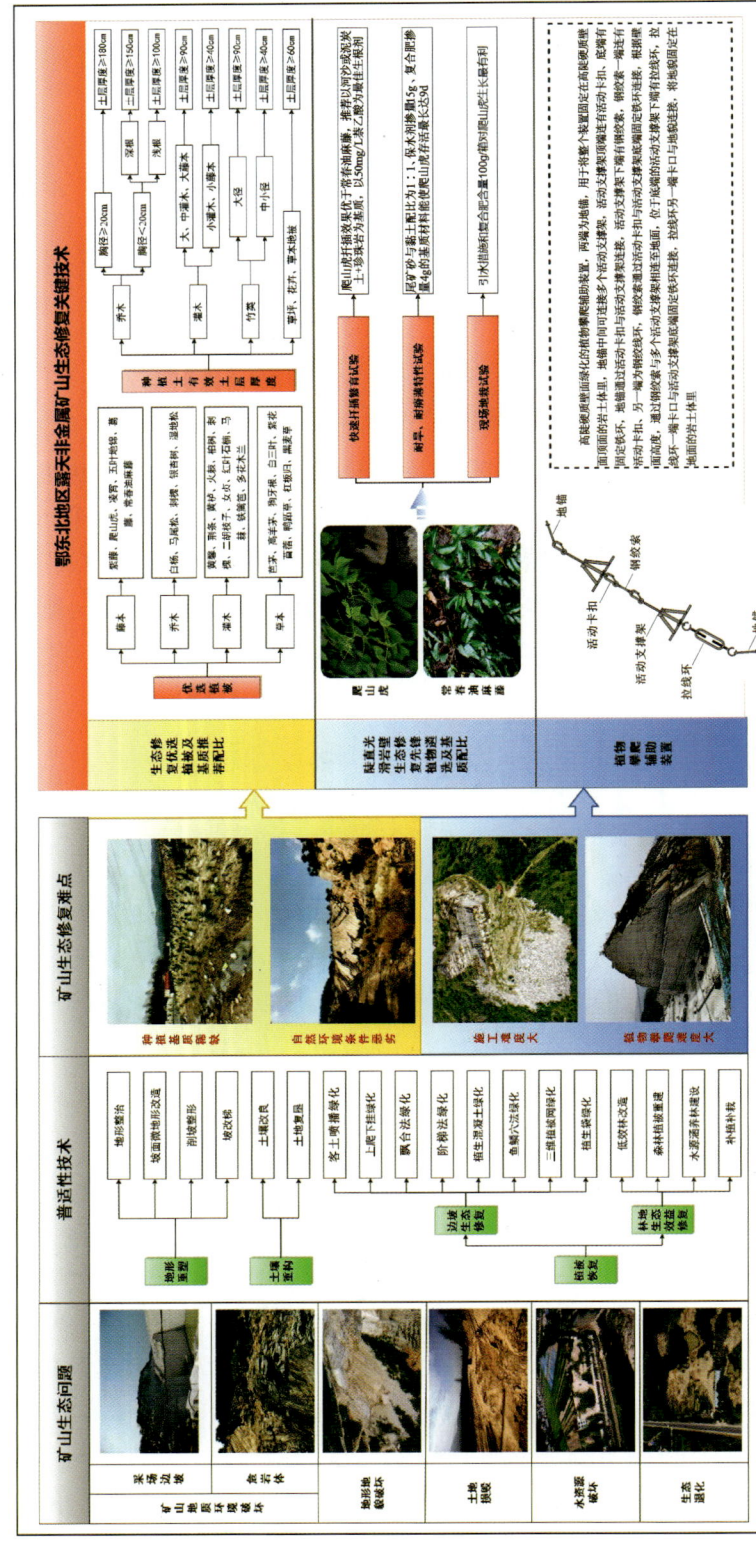

图 4-35 鄂东北地区露天非金属矿山生态修复技术体系图

# 4 矿山生态修复关键技术

## 4.5 本章小结

本章介绍了现有矿山生态修复的普适性技术及其在鄂东北地区应用时的注意事项,总结分析了鄂东北地区露天非金属矿山生态修复存在种植基质稀缺、自然环境条件恶劣、施工难度大和植物攀爬难度大四大难点。经过多年技术攻关,成功总结出鄂东北地区露天非金属矿山生态修复优选植物及基质推荐配比,遴选出爬山虎和常春油麻藤作为陡直光滑岩壁的生态修复先锋植物,并结合试验结果得到先锋植物快速扦插、现场种植的基质配比,最终形成鄂东北地区露天非金属矿山生态修复技术体系。

# 5 工程实例

鄂东北地区露天非金属矿山主要分布在低山、丘陵、岗地3种地貌中,其中以丘陵和岗地的分布数量居多。地质三大队系统梳理该地区以往生态修复工作取得的成效,总结提炼出了适用于鄂东北地区的露天非金属矿山生态修复举措,以下选择其中具有代表性的3个案例[英山县田家岩(乐家冲)矿区、蕲春陈从金采石场、武穴市烈马山矿区]进行说明,供类似生态修复工程参考借鉴。

## 5.1 英山县田家岩(乐家冲)矿区饰面用角闪岩矿山生态修复工程

### 5.1.1 矿山基本情况

田家岩(乐家冲)饰面用角闪岩矿位于英山县金家铺镇4km处,矿区地理坐标为东经115°39′49″、北纬30°52′47″。矿山公路连接矿区与乡级公路,交通便利(图5-1)。

矿区主要生产饰面用角闪岩,采矿区面积0.04km²。角闪岩主要加工饰面用板材,其中产生的边角料主要作为建筑用原材料。

### 5.1.2 地质环境条件

矿区属低山丘陵地貌,海拔一般在280~350m之间,相对高差70m,地势北东高南西低。矿区内共圈出了一个矿体,矿体产于角闪岩中,呈团块状、椭圆状或不规则状。矿体位于矿区中南部,北东至南西长约120m,北西至南东宽50~80m,出露面积8687m²,风化层厚度0.5~1.0m,与围岩侵入接触,围岩倾向略向矿体内侧。

岩体主要出露古元古代碱性花岗岩系列雷家店片麻岩,面积约占矿区总面积的65%,主要岩性为中细粒二长花岗质片麻岩,原岩为二长花岗岩,岩石呈灰白色,风化后呈浅黄白色,中细粒花岗变晶结构,片麻状构造。主要矿物组分为钾长石(30%~35%)、石英(20%~25%)、黑云母(5%~10%),副矿物为磷灰石、锆石、楣石。其中,钾长石可见变斑晶,变斑内包含大量的石英、斜长石、黑云母等矿物,斜长石多为奥长石,颗粒内部包含浑圆状石英矿物包体,石英多呈豆荚状,并趋于定向排列。

### 5.1.3 矿山生态环境问题

矿区裸露的开采平台和大量固体废弃物是矿山面临的主要生态问题,生态修复难度大,具有典型的鄂东北地区低山丘陵地貌非金属矿山生态环境问题的特征。

# 5 工程实例

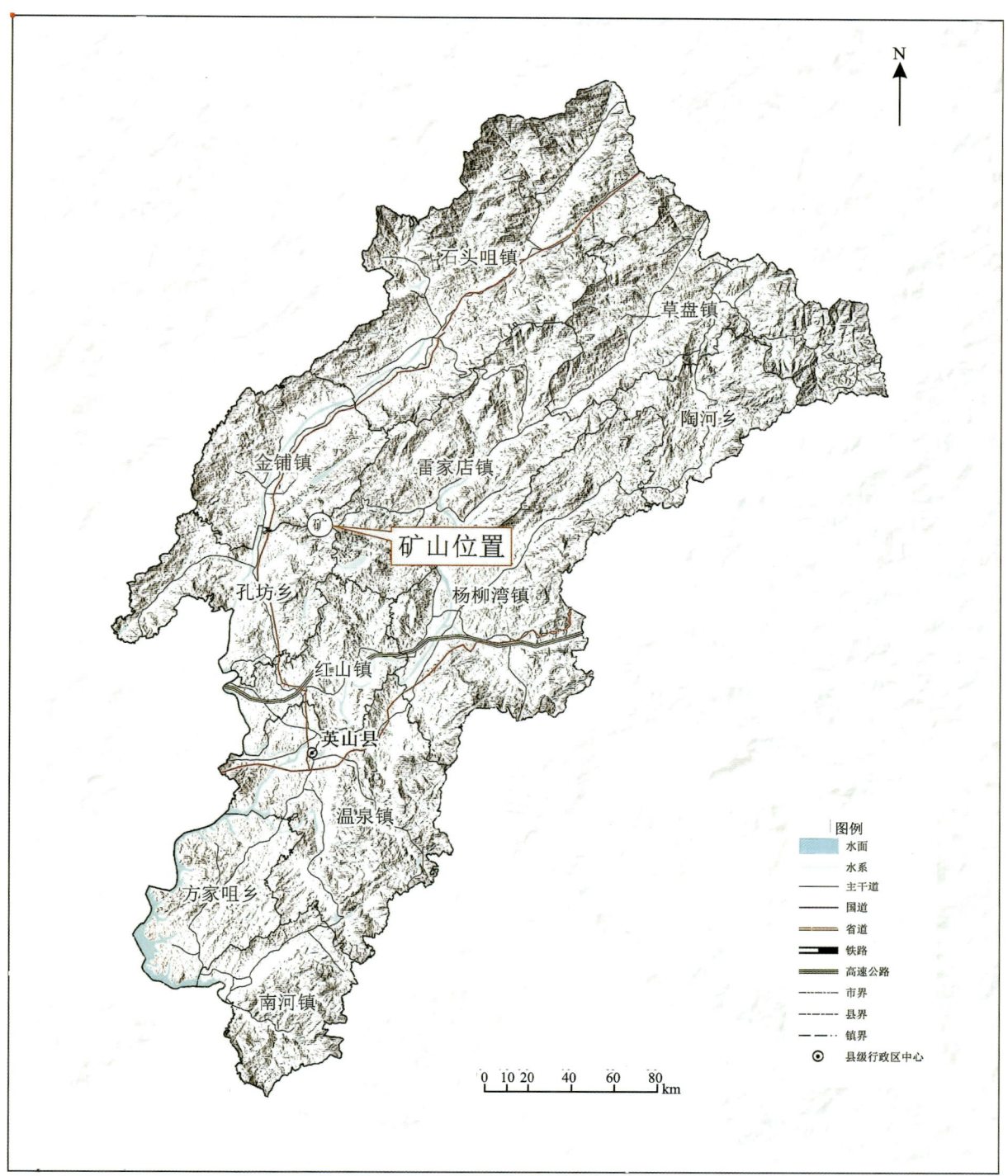

图 5-1 英山县田家岩(乐家冲)矿区地理位置图

## 5.1.3.1 矿山地质环境破坏

**1. 采场边坡**

露天非金属矿山开采过程中通常会形成高陡的岩质边坡,尤其是以花岗岩为主的建材矿山,多采用切割机原位作业、台阶式开采，会形成巨大采坑和近乎直立的掌子面，产生的岩质边坡的高陡现状，使植被生长困难，土壤保持能力弱，从而影响生态环境的恢复和稳定，是鄂东北地区非金属矿山生态修复的难点。除此之外，还容易发生零散岩块崩落，引发环境污染，同时对周围生态系统和人类活动造成潜在威胁。

**2. 危岩体**

矿区采坑西侧边坡存在危岩体，总方量约200m³。矿区生产过程中产生大量固体废弃物，废弃物堆积坡度较陡，废弃物自身稳定性一般，在强降雨天气可能形成地质灾害。

#### 5.1.3.2 地形地貌破坏

经调查，矿山开采形成的掌子面和采矿平台基岩裸露，与周边环境形成巨大反差，产生负面视觉，影响巨大，矿山开采加工区和堆料区堆积结构松散，表层植被发育较差，严重破坏了原有地貌和自然景观。

#### 5.1.3.3 土地损毁

矿区开采过程中，表土剥离、采矿剥岩、土地挖损、地表植被破坏以及废渣堆放等使得地表面貌变得支离破碎，严重破坏了周围的自然景观和生态环境。据现场统计，矿区采石场有1处开采平台，面积7775m²，采坑西侧、南侧、西南侧坡脚有大量固体废弃物堆积，堆积区破坏林地面积达20 219m²。

#### 5.1.3.4 水资源破坏

矿山东南向80m处有一口池塘，山脚有一条冲沟连接至山脚河道，现场调查未见地下水露头，由于岩性矿物组成颗粒大小和抗风化能力的差异性，风化裂隙较发育，地下水赋存于风化裂隙中，因岩性、分布范围、地貌和构造等不同，其富水性具有较大的差异，富水性总体属贫乏。

采矿活动部分在地下水位之上，大气降水在采场内汇集，绝大部分以地表径流的方式排泄，部分通过裂隙下渗补给地下水。地表水冲刷矿区和废渣堆场后，大量泥沙、切割产生的岩粉进入周边池塘、河流，对水质产生不利影响，造成水体污染。

#### 5.1.3.5 生态退化

矿山开采引起的生态退化主要包括资源浪费、环境污染、地质灾害、地形地貌破坏以及土地资源破坏，其中，资源浪费不仅包括矿产资源的直接浪费，还包括与之相关的生态资源的损失。矿山开采所造成的环境污染是整个生态系统退化的重要因素，尤其是露天开采，需要剥离山体表面的植被，对山体地貌造成较大破坏，影响自然地貌的完整性，导致水土流失和石漠化，这些生态退化问题不仅影响生态系统的健康和稳定性，还对人类社会的可持续发展构成威胁。因此，矿山开采后的生态修复工作至关重要，需要通过有效的管理和技术手段来减轻这些负面影响。

## 5.1.4 矿山生态修复方案

英山县田家岩(乐家冲)矿区治理的重难点是裸露废渣堆复绿,综合分析该矿山生态修复难点,针对裸露废渣堆问题,采取植生袋绿化技术手段解决,并结合现场实际情况,因地制宜地选用多种治理措施,总体治理方案为"危岩体及固体废弃物清理+绿化工程+挡土墙工程+封边墙工程+排水沟工程+土地复垦+护栏工程",详见图 5-2~图 5-4。

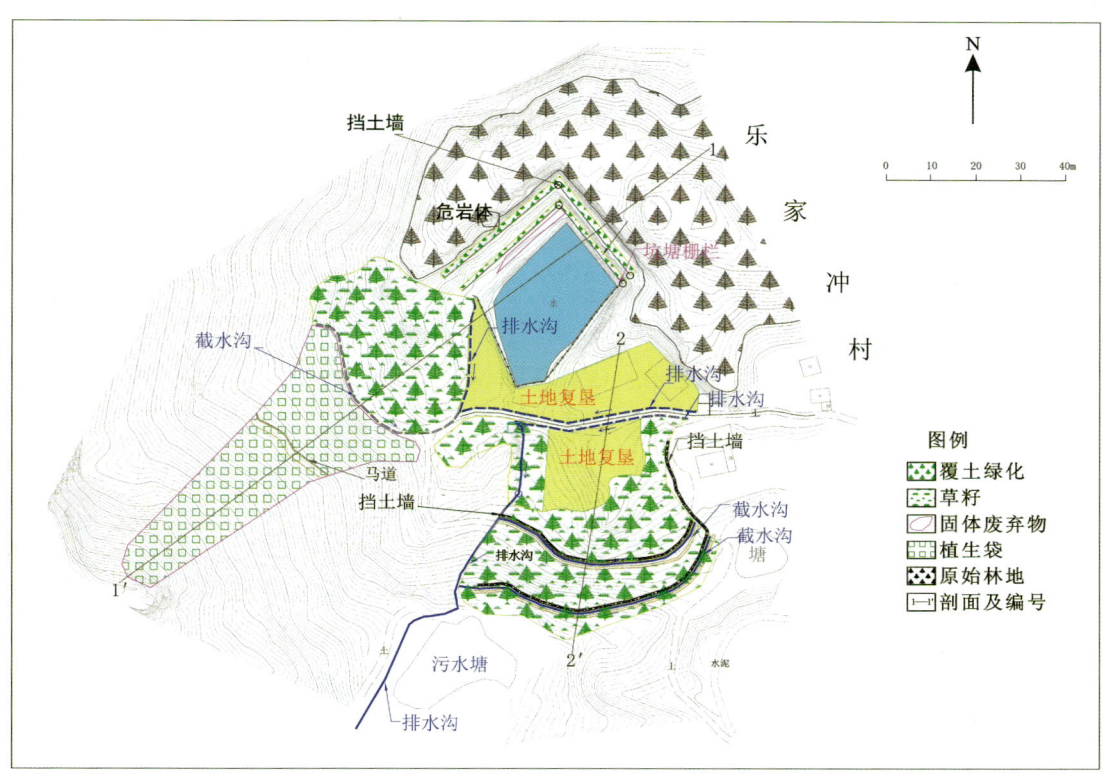

图 5-2 英山县田家岩(乐家冲)矿区治理工程平面布置图

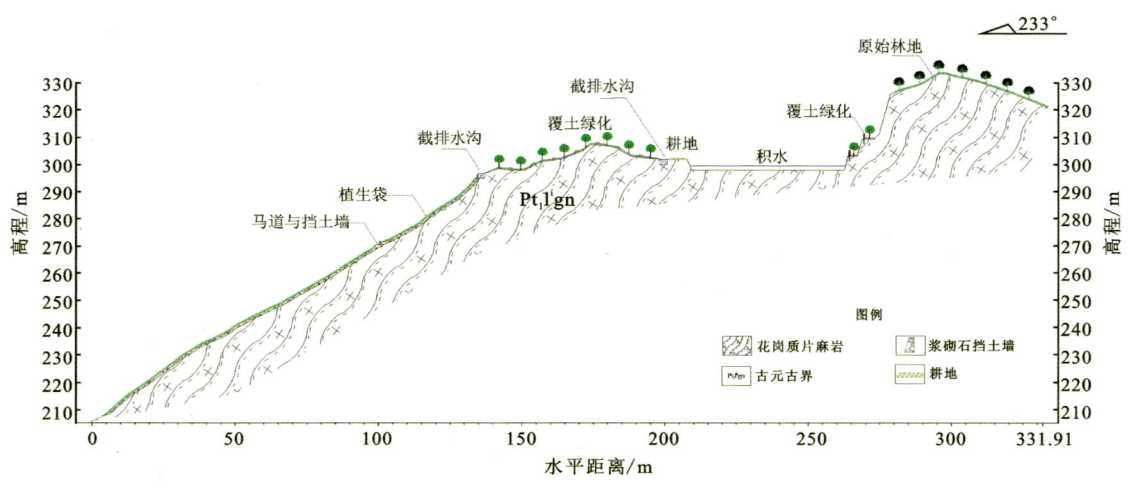

图 5-3 英山县田家岩(乐家冲)矿区治理工程 1—1' 剖面

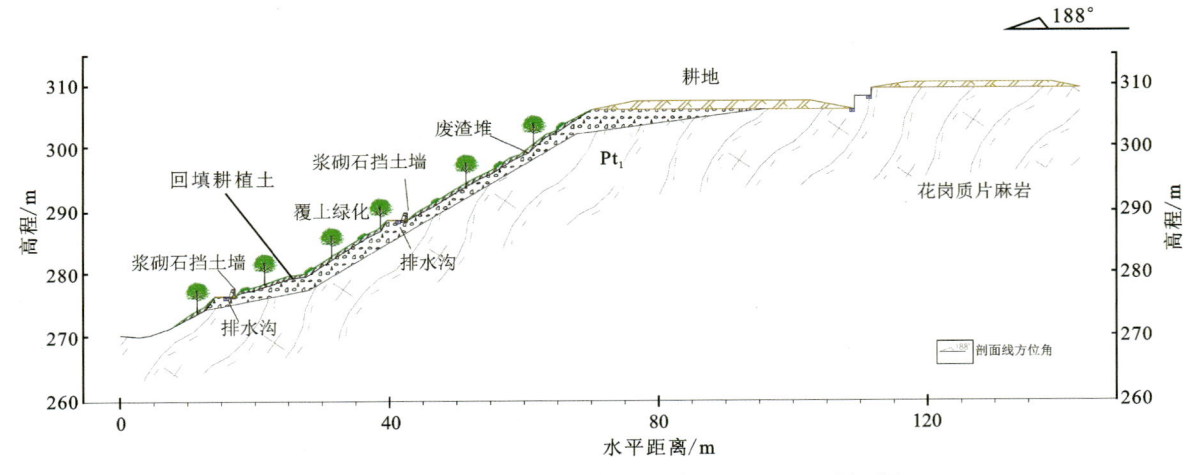

图 5-4　英山县田家岩(乐家冲)矿区治理工程 2—2'剖面图

#### 5.1.4.1　危岩体及固体废弃物清理

对矿山开采过程中产生的采坑周边和排土场附近的危石及固体废弃物进行机械清理,集中转运或就地回填后覆土绿化,清理合计方量约 302m³。

#### 5.1.4.2　绿化工程

**1. 覆土绿化**

在覆土绿化区进行覆土,覆土厚度 0.8m,覆土面积约 11 342m²。覆土平整后栽种马尾松以及播撒草籽,栽植株行距均按 2.0m,共计 3910 株。马尾松采用 2 年实生苗、容器苗,要求根径长度不小于 5cm,苗高不低于 40cm。在种植间隙补撒草籽,增强生态修复效果。草籽以高羊茅、狗牙根、白三叶、紫花苜蓿为主,并搭配一定数量的紫穗槐、胡枝子、多花木兰等灌木种子,在春末和初夏开花,可搭配紫色的观叶植物鸭跖草、野生的杠板归丰富夏季和秋季景观,冬季则用冷季型黑麦草作为补充。草种采用撒播的方式进行种植,播种标准为 60kg/hm²。撒播可选择种子和细土互掺的方法进行,将种子与适量的细砂或细土混合均匀后同时播下,之后再均匀撒 1cm 厚细土。

**2. 植生袋绿化**

针对固体废弃物边坡采用植生袋绿化。在固体废弃物边坡上布置植生袋,边坡绿化面积约 5060m²。植生袋内草种为狗牙根、鸡尾草、多花木蓝,草、灌、藤混种,袋间行距均为 1～2m。植生袋堆放,铺设前覆盖一层 3～5cm 厚的地基土,目的是增加草根的生根深度,使植生袋底部与基面紧密接触,减少植生袋表面裸露面积,保持水分,提高抗旱性。已采用方骨架防护的土石方边坡,袋装土袋应人工堆放,堆放标准为 5～20 袋/m²。为增加土袋的受力,应错位堆放。对于坡度大于 1∶1 的陡坡,挂网固定植生袋,防止滑倒。建议使用 16 号铁丝网,网眼尺寸为 15cm×15cm。植生袋堆放在边坡骨架内后,挂网固定在边坡骨架上。对于坡度比小于 1∶1(含 1∶1)的斜坡,通常不需要挂网。如果骨架高度大于 2m,为了降低下部植生袋的荷载,应每隔 2m 钻一排水平的钢栓。锚杆直径 12mm,间距约 40cm(根据植生袋长度适当调整)。根据植生袋的直径选择长度,植生袋应深入边坡 30cm 以上。

### 5.1.4.3 挡土墙工程

为防止边坡的松散物质受降雨影响形成地质灾害,同时为绿化提供条件,在修复区设置挡土墙,挡土墙总长约316m。设计的挡土墙为直背式浆砌石挡土墙,墙身高3.5m,墙顶宽1.5m,底宽2.55m,面坡坡率1∶0.3,背坡坡率1∶0,墙底水平,基础埋深1m。

### 5.1.4.4 封边墙工程

为防止覆土流失,在采坑一级平台外围布置封边墙。封边墙墙体采用矩形,总长225m,墙高1m,顶宽0.2m,采用C25混凝土浇筑,双排RB335$\varphi$16竖筋入基岩不得小于0.4m,箍筋采用HRB335$\varphi$8钢筋。插筋孔孔径不小于70mm,孔深0.5m,全孔M30水泥砂浆灌注,与封边墙接触处钢筋采用阻锈剂或沥青等防锈措施。封边墙设置一排泄水孔,出水孔距地面0.4m,水平间距2m,采用$\varphi$110PVC管,泄水孔后而设置0.3m厚反滤层。

### 5.1.4.5 截排水沟工程

为及时将地表水排出矿区,完善矿区排水系统,在矿区修建截排水沟,截排水沟总长748m。设置截排水工程时充分利用现有地形条件,尽量减少对周边环境条件的扰动破坏,根据汇水条件及地表水流量的大小设置排水沟断面尺寸。截排水沟采用浆砌块石砌筑,截面设计为矩形,内净壁宽取0.5m,净高取0.5m,底部和侧墙都采用0.3m厚的浆砌块石。

### 5.1.4.6 土地复垦

根据土地复垦控制标准,复垦为耕地表土厚度不低于50cm,土壤环境质量应达到《土壤环境质量农用地土壤污染风险管控标准(试行)》(GB 15618—2018)中的二级标准。对采坑周边及排土场地势平坦区域进行土地复垦,耕植土厚度不小于50cm,复垦面积为3966m$^2$。

### 5.1.4.7 护栏工程

矿区采坑较深且有积水,为确保周边居民安全,沿采坑外侧设计安装防护栏,护栏高为1.3m,管材材质为锌钢Q215,护栏底座采用高分子底座,底座用膨胀螺丝固定,护栏长115m。

## 5.1.5 生态修复效果

矿山开采引发了一系列的生态环境问题,在现场地质环境条件、矿山基本情况、主要矿山地质环境问题特征及危害分析与评价的基础上,于2023年5—8月实施了矿山生态修复治理工程,复绿面积20 702m$^2$,有效消除矿山地质灾害安全隐患,使裸露的露天采坑生态环境得以恢复,预防了矿区水土流失,提高了当地民众居住环境质量,改善了矿区环境视觉效果。该修复工程无论是对治理区地形地貌景观重塑,还是对已破坏的生态植被恢复和水土保持等都发挥着良好的作用(图5-5～图5-7)。

图 5-5 英山县田家岩(乐家冲)矿区治理前照片

图 5-6 英山县田家岩(乐家冲)矿区治理后照片

# 5 工程实例

图 5-7 英山县田家岩(乐家冲)矿区治理效果图

## 5.2 蕲春县陈从金采石场饰面用花岗岩矿山生态修复工程

### 5.2.1 矿山基本情况

矿区位于黄冈市蕲春县株林镇北东方向,距离株林镇约 5km,与蕲春县城相距约 35km。地理坐标:东经 115°31′25″—115°31′41″,北纬 30°24′29″—30°23′46″。矿区有简易公路通至 223 县道,该县道为大别山红色旅游公路蕲春段,交通较为便利(图 5-8)。

矿区面积 0.056 2km²,以露天开采为主,主要开采中细粒黑云二长花岗岩,矿产品为"芝麻灰"饰面石材,采用采、切、磨的开采方式,半机械化作业。多年的无序开采已经形成了巨大的开采高陡边坡和废料堆场,与周边自然生态环境极不协调,严重破坏了旅游公路景观,同时威胁矿区周围居民的生命财产安全。

### 5.2.2 地质环境条件

矿区岩性以细粒含斑黑云二长花岗岩为主,次为中细粒含斑黑云二长花岗岩。新鲜岩面呈淡肉红色,中细—细粒半自形粒状结构,似斑状结构,花岗结构,块状构造,矿物成分为钾长石(37%)、斜长石(36%)、石英(22%)及黑云母(3.0%)等。

矿区及周围以低山-丘陵地貌为主,矿区北东部地势较高,南西侧地段相对较低。山脉走向为北东向,山谷切割较深,呈"V"字形,矿区所在一侧山体坡度约 25°。矿区外围海拔最高可达 535m,最低仅有 180m。矿区内海拔为 190~390m,相对高差 50~200m,自然坡度约 25°。矿区位于一近东西向冲沟中部,朝向西。

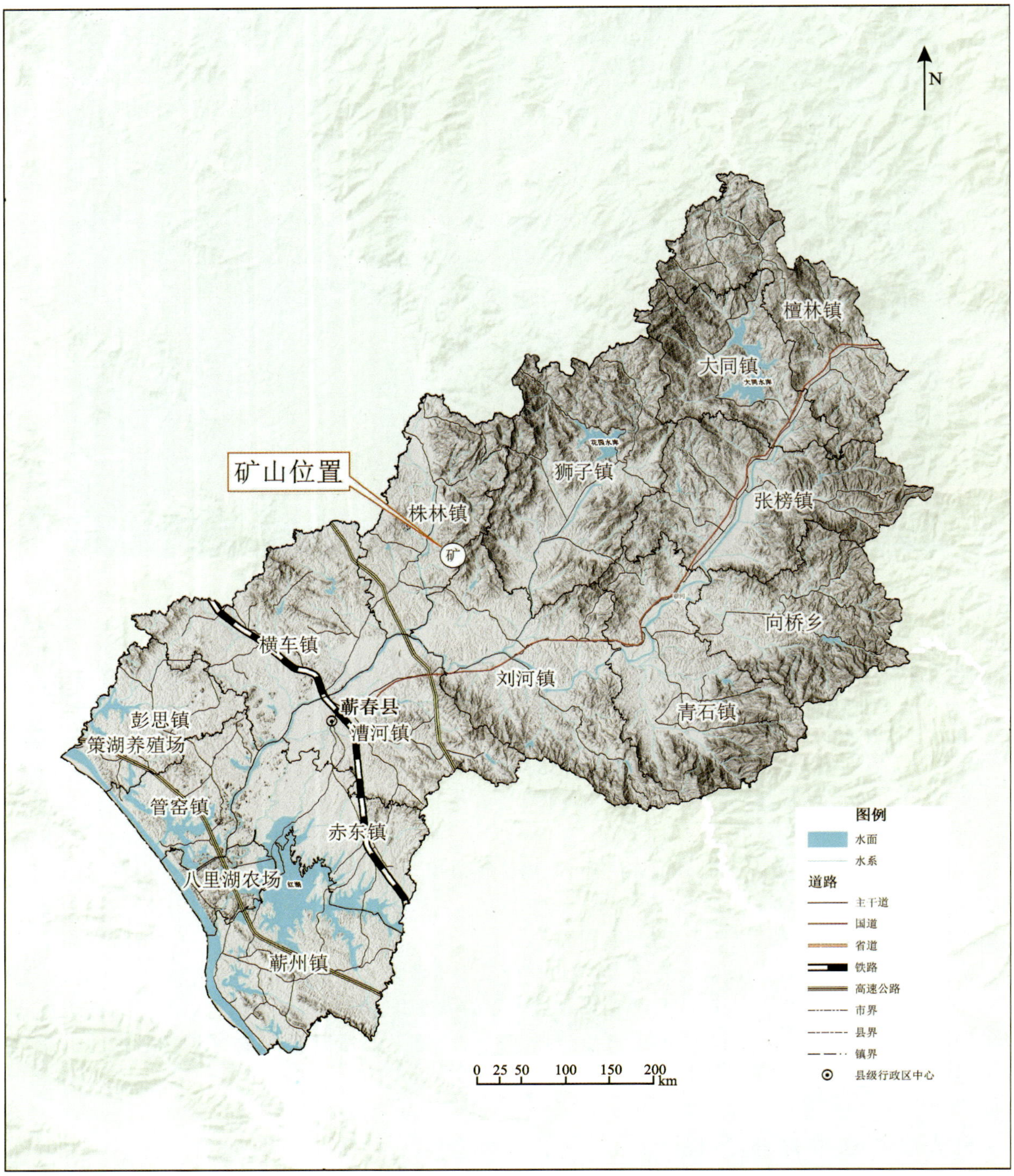

图 5-8 蕲春县陈从金采石场矿区地理位置图

## 5.2.3 矿山生态环境问题

矿山开采形成巨大采坑和近乎直立的光滑陡峭岩壁，植被生长困难，是鄂东北地区非金属矿山生态修复技术难点的典型代表，具有典型鄂东北地区丘陵地貌非金属矿山生态环境问题的特征。

## 5 工程实例

### 5.2.3.1 矿山地质环境破坏

**1. 采场边坡**

矿区开采形成了一大一小两处采场,两处采场边坡面积分别为 6678m² 和 630m²、采场揭露基岩为花岗岩矿体,岩石致密坚硬,稳定性较好,整体发生崩塌等地质灾害的可能性不大。矿区高陡边坡基本情况见表 5-1。

表 5-1 蕲春县陈从金采石场矿区高陡边坡基本情况一览表

| 采场编号 | 边坡面积/m² | 边坡高度/m | 边坡坡度/(°) | 边坡稳定状态 |
|---|---|---|---|---|
| CK1 | 6678 | 17~50 | 85~90 | 坡面完整,稳定 |
| CK2 | 630 | 14 | 85~90 | 坡面完整,稳定 |

**2. 废渣堆场**

矿区主要形成了 6 处堆场,多年来均未出现明显的整体变形迹象,各废渣堆场整体已基本稳定。现场调查发现,部分堆场顶部存在少量凸起活石,有崩落隐患。矿区废渣堆场基本情况见表 5-2。

表 5-2 蕲春县陈从金采石场矿区废渣堆场基本情况一览表

| 废渣堆场编号 | 堆场面积/m² | 边坡高度/m | 边坡坡度/(°) | 边坡稳定状态 | 备注 |
|---|---|---|---|---|---|
| 1 号 | 3750 | 32 | 35 | 整体稳定,顶部不稳定活石可能形成崩塌 | 活石方量 400m³ |
| 2 号 | 5550 | 35 | 30 | 受地表水冲刷影响,堆场中泥砂岩粉流失,可能引起局部沉降,引发废渣错动失稳;CK4 前 5 号堆场顶部废渣不稳定,可能发生局部滑坡;顶部不稳定活石可能形成崩塌 | 活石方量 1000m³ |
| 3 号 | 2564 | 45 | 30 | 整体稳定,顶部不稳定活石可能形成崩塌 | 活石方量 100m³ |
| 4 号 | 1100 | 10 | 30 | 整体稳定,顶部已出现较多裂缝,存在整体滑动失稳的可能;顶部不稳定活石可能形成崩塌 | 整体不稳定方量约 3300m³ |
| 5 号 | 2623 | 28 | 30 | 整体稳定,顶部不稳定活石可能形成崩塌 | 活石方量 200m³ |
| 6 号 | 1715 | 38 | 35 | | 活石方量 100m³ |

#### 5.2.3.2 地形地貌破坏

采石场位于大别山红色旅游公路旁，矿山在开采过程中切割山体形成的巨大采坑和剥离的表土、废矿渣沿山坡随意倾倒堆放形成的巨大废渣堆场与周围自然景观极不协调。采矿活动中，土地挖损、地表植被破坏以及废渣堆放等使地表面貌变得支离破碎。据统计，矿区采场及废渣堆场破坏地貌景观面积约为 40 432 $m^2$。

#### 5.2.3.3 土地损毁

采矿导致矿区及周边原有林地遭到破坏，部分土地荒芜，土地资源闲置，生态环境恶化。据现场统计，矿区采石场有两处采坑，面积 12 318 $m^2$，有 6 处堆场，固体废弃物堆积区面积 17 310 $m^2$，累计破坏和侵占的林地面积达 29 628 $m^2$。

#### 5.2.3.4 水资源破坏

矿区前缘约 200m 为何家坳水库，整个矿区地表水流经矿区采场和废渣堆场后，大部分流入水库。地表水冲刷矿区和废渣堆场后，携带大量泥沙、切割产生的岩粉进入水库，对水库水质产生不利影响，造成水体污染。本次治理工程拟规范矿区地表水径流系统，减少地表径流对水库水质的影响。

#### 5.2.3.5 生态退化

矿山开采活动对矿区生态环境的破坏是多方面的，采矿活动破坏了植被生态系统，改变了原始地形，形成巨大的视觉反差，破坏了自然地貌景观，产生负面视觉影响，巨大的开采面和废料堆场与周围环境极不协调，严重破坏了周围的自然景观和生态环境。

### 5.2.4 矿山生态修复方案

分析判断该矿山生态环境问题，治理工程重点放在恢复生态景观。考虑矿山所处部位与主要景观影响对象（红色旅游公路）的相对位置关系，主要针对采场高陡掌子面及堆场进行景观恢复，然后规范矿区的地表排水系统，减少地表径流对废渣堆场的直接冲刷，再对影响生态景观的边坡坡面进行绿化，恢复生态功能，美化环境，主要分项工程有"削清方工程＋截排水工程＋绿化工程"，详见图 5-9、图 5-10。

#### 5.2.4.1 削清方整形工程

矿区布置 6 处工程区，分别为 6 处废渣堆场。1 号、3 号、5 号及 6 号堆场需对顶部活石进行清理，2 号堆场需对顶部不稳定坡体进行削方，4 号堆场需主动挖除废渣。各工程区工程量见表 5-3。

## 5 工程实例

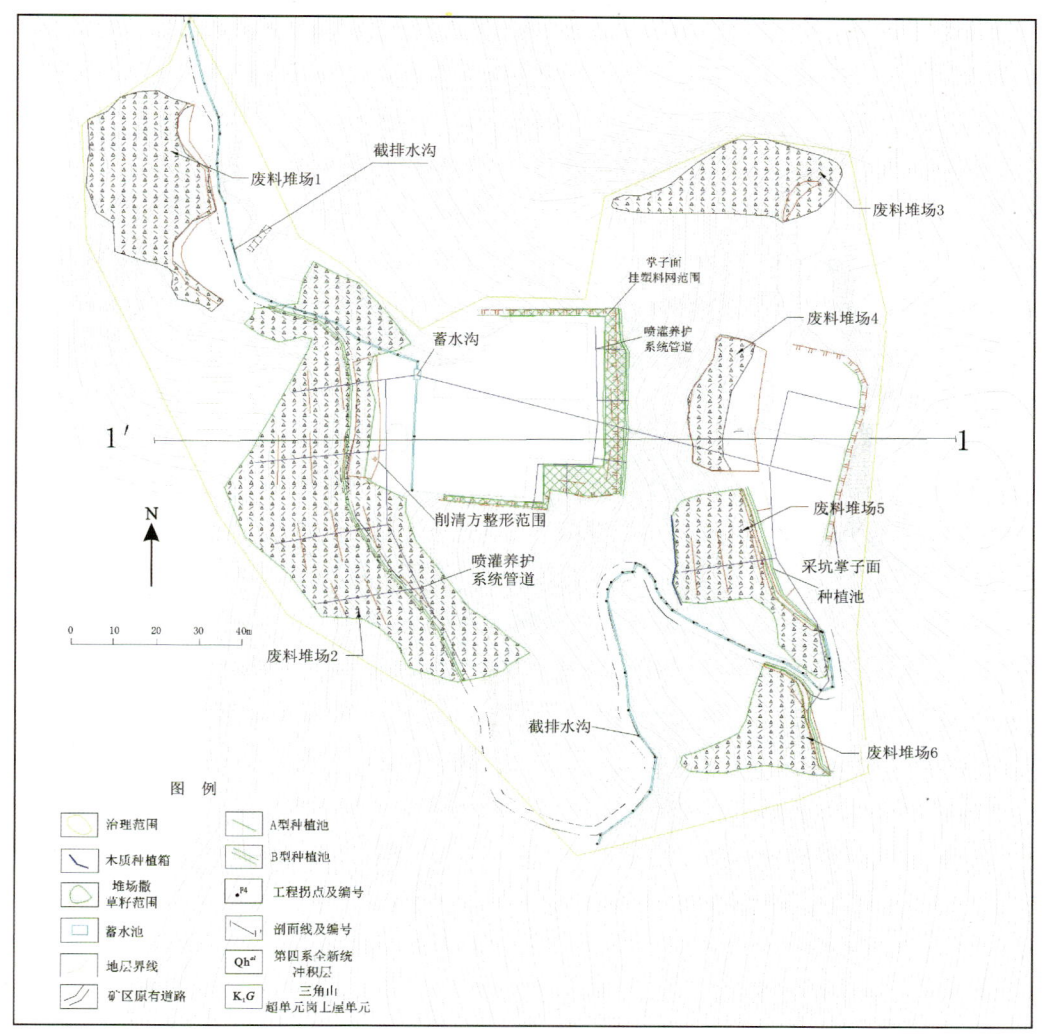

图 5-9 蕲春县陈从金采石场矿区治理工程平面布置图

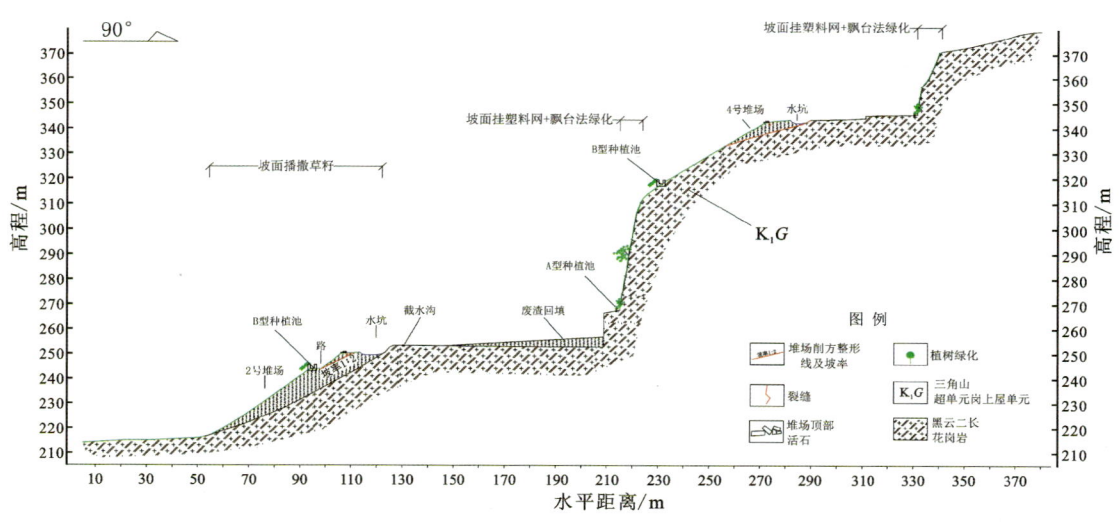

图 5-10 蕲春县陈从金采石场矿区治理工程剖面图

表 5-3 各工程区工程量表

| 削方区编号 | 石渣清理/m³ | 整形部位 | 整形方案 |
| --- | --- | --- | --- |
| 1号堆场 | 400 | 堆场顶部 | 清除顶部活石 |
| 2号堆场 | 1000 | CK1前方、堆场上部 | 降坡法削清方 |
| 3号堆场 | 100 | 堆场顶部 | 清除顶部活石 |
| 4号堆场 | 3300 | 堆场全部 | 挖除堆场废渣 |
| 5号堆场 | 200 | 堆场顶部 | 清除顶部活石 |
| 6号堆场 | 100 | 堆场顶部 | 清除顶部活石 |
| 合计 | 5100 | | |

#### 5.2.4.2 截排水沟工程

主要在削方整形后的1号堆场和2号堆场顶部设置一条截排水沟,将地表径流引出矿区。5号堆场后缘修筑种植池后,自南端起,修筑一条截排水沟,将上部地表径流引出矿区。截排水沟的断面设计为正矩形断面,设计截水沟截面尺寸为:宽×高=0.5m×0.5m。

表 5-4 截排水沟汇水面积统计表

| 截(排)水沟编号 | 汇水面积/m² | 流量/(m³·s⁻¹) |
| --- | --- | --- |
| Ⅲ段 | 55 000 | 0.117 0 |
| Ⅳ段 | 21 500 | 0.047 3 |

#### 5.2.4.3 绿化工程

本工程主要针对高陡的采场掌子面、采坑底部和废渣堆场,结合各堆场实际情况采取针对性的复绿方案,绿化工程方法及布置位置见表5-5。

表 5-5 绿化工程方法及布置位置一览表

| 绿化部位 | 位置 | 绿化方法 | 备注 |
| --- | --- | --- | --- |
| 掌子面 | CK1三个采面 | +266.5m平台A型种植池,主采面顶部B型种植池;采面上设置人工飘台绿化 | 主采面设置绿色塑料平网,每个主采面设置波纹管飘台,呈品字形或斜线分布,设计总长200m |
| | CK2主采面 | 底部A型种植池 | 坡面设置绿色塑料平网 |

续表 5-5

| 绿化部位 | 位置 | 绿化方法 | 备注 |
|---|---|---|---|
| 废渣堆场 | 2号堆场 | 上部 B 型种植池 | 种植池位于穿过堆场的道路外侧,坡面撒草籽 |
| | 5号堆场 | 顶部 B 型种植池,底部木质种植箱 | 坡面撒草籽 |
| | 6号堆场 | 顶部 B 型种植池 | 坡面撒草籽 |
| | 1号堆场 | 播撒草籽进行绿化 | 通过播撒草籽及自然复绿,已达到绿化效果,对景观影响不大 |
| | 3号堆场 | 播撒草籽进行绿化 | |

### 5.2.5 生态修复效果

矿区经过生态修复治理,整体效果良好,初步达到设计要求,消除了矿区地质环境问题,避免了突发性地质灾害的发生,降低了其对周围居民生命财产安全的威胁程度;裸露植被得以恢复,使地质环境得到较大程度的改善,变荒山为绿山,美化了矿区周围生态环境;对矿山开采过程中产生的弃渣弃料进行处理,降低了对土地损毁与水资源的破坏(图 5-11～图 5-13)。

图 5-11　蕲春县陈从金采石场矿区治理前照片

图 5-12　蕲春县陈从金采石场矿区治理后照片

图 5-13　蕲春县陈从金采石场矿区治理效果图

## 5.3 武穴市烈马山矿区石灰岩矿山生态修复工程

### 5.3.1 矿山基本情况

武穴市烈马山矿区位于马口村附近蕲州至刘佐一级公路东侧,有矿区公路与一级公路相连,交通便利。地理位置:东经115°22′30″—115°49′50″,北纬29°30′40″—30°13′37″。治理区位置见图5-14。

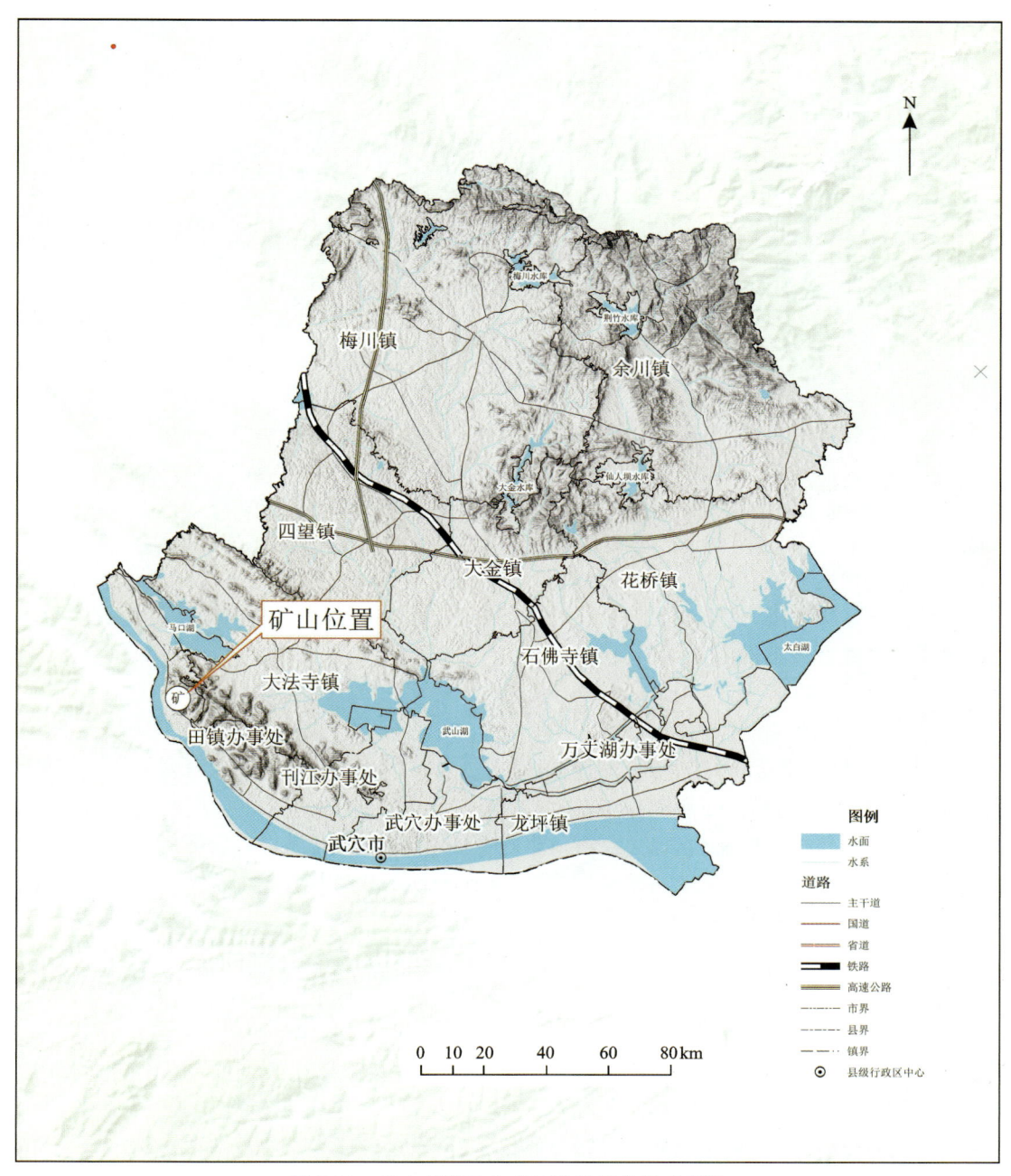

图5-14 武穴市烈马山矿区治理区位置示意图

该矿区主要生产生石灰、熔剂灰岩和水泥原料用灰岩，矿山露天开采，采用平层推进、分层回采方式，形成了大小两个矿坑及高陡边坡，部分位置堆有废弃的矿渣，开采面积 0.144km²。

### 5.3.2 地质环境条件

矿区属于丘陵地貌，未开采区丘坡植被发育，主要为杂草和灌木，山体总体走势呈北西-南东向，地形稍缓，坡度 16.5°～22.5°，较陡位置坡度约 34.5°。出露地层主要为第四系全新统（Q）、下三叠统大冶组（$T_1d$）和下二叠统（$P_1$）。

矿区所在位置属亚热带大陆性季风湿润气候，四季分明，光照充足，雨量丰富。多年平均气温 16.8℃，多年平均降水量 1 278.7～1 442.6mm。

### 5.3.3 矿山生态环境问题

矿山开采遗留的巨大采坑是该矿山主要的生态问题，具有典型鄂东北地区岗地地貌非金属矿山生态环境问题的特征。

#### 5.3.3.1 矿山地质环境破坏

**1. 采场边坡**

矿区采场边坡裸露无植被，出露有 2 处滑坡。滑坡 1 位于矿山道路的西南侧坡，为牵引式填土浅层滑坡。滑坡土体主要为棕红色含碎石黏性土，碎石成分为灰岩，呈棱角状，黏性土稍湿，呈可塑状态。滑体下缘长 19.5m，滑坡边界明显，形状整体呈弧形。滑坡在调查时处于稳定状态。滑坡 2 为牵引式填土浅层滑坡。滑坡土体主要为棕红色含碎石黏性土，碎石成分为灰岩，呈棱角状，黏性土稍湿，呈可塑状态。滑坡处于初始发展阶段，仅在后缘见张裂缝，裂缝宽约 0.04m。滑坡处于不稳定状态，在雨季时受降雨的影响可能会断续发展，直至整体下滑至下方道路上，堵塞道路，下方猪圈墙体将被滑体冲坏，靠近滑坡边缘的坟也可能会被下滑的土体牵引破坏。

**2. 危岩体**

矿区内共出露 27 处危岩体，随着卸荷裂隙的进一步发育，在未来各种人为、自然环境因素的综合影响下，危岩体将会发展为崩塌。而崩塌一旦产生，滚落下来的块石、碎石可能会危及当地居民的生命财产安全。崩塌发生时所扬起的灰尘，也会对当地空气造成一定的污染，崩塌后所形成的崩塌面与崩塌堆积物也会对当地自然环境、地貌景观造成破坏。此外，在后续地质环境生态修复综合治理过程中，危岩有可能会危及现场治理人员和设备的安全。

#### 5.3.3.2 地形地貌破坏

矿区未开采前为绿树覆盖的丘坡，矿山开采形成了高陡边坡和低洼的矿坑，山体植被毁坏殆尽，高陡边坡岩石裸露，与周边自然植被形成对比鲜明，十分不协调。矿区紧邻蕲州至刘佐一级公路，位于长江航运直观可视范围，严重影响道路景观，同时也对长江沿岸风景区生态建设造成影响。

#### 5.3.3.3 土地损毁

矿区采石场和矿山均为露天开采,已形成一定规模,露天采矿、堆废渣、修建进山公路等挖损土地,临建区压占土地资源,也改变了土地利用现状。开采形成的高陡边坡坡面上基岩裸露,坡体水分和土体难以保存,植被难以存活,废渣堆和进山公路导致植被难以存活。矿区挖损和压占荒地面积约173 410 m²,其中挖损荒地面积约143 500 m²,临建区压占荒地面积约29 910 m²。

植被被破坏后,地表径流携带矿渣中的细小颗粒排向长江,造成水土流失的同时也污染了长江,此种现象雨季最为明显;旱季时则扬尘严重,周边天空一片浑浊。

#### 5.3.3.4 水资源破坏

矿山开采改变了原有的地形地貌及地表径流的流向,从而改变了基岩裂隙水和岩溶水的补给来源,对地下水补给有一定的影响,但矿区地下水位埋深大,稳定的地下水补给来源为大区域的地表水下渗和长江水补给,因此矿山的开采对含水层的影响较小。

#### 5.3.3.5 生态退化

矿山开采活动直接造成山体裸露、矿渣堆积、林地压损、植被破坏,原始植被及土壤的破坏很容易造成水土流失,从而形成岩石裸露及土地荒芜的现象。矿山开采周边裸地增加,导致杂草数量增加,也为入侵物种创造了入侵条件,使区域原有的物种结构发生改变。矿区生态系统环境空间格局被打乱,生态环境要素被破坏,生态环境结构被破坏,生态环境系统功能受损。

### 5.3.4 矿山生态修复方案

分析判断该矿山生态环境问题,本次治理的重难点是采坑复绿,综合分析该矿山生态修复难点,并结合现场实际情况,因地制宜地选用多种治理措施,总体治理方案为"危岩整治+植被混凝土生态护坡+客土喷播绿化+场地平整与覆土绿化+浆砌石挡土墙+截排水沟+飘台种植池绿化",详见图5-15~图5-17。

#### 5.3.4.1 危岩整治

根据勘查成果,治理区坡度普遍高且陡,局部近直立,甚至存在反坡,部分区域岩体节理裂隙较为发育。在植被混凝土及客土喷播施工前需清理坡面,清除坡面危岩体、浮土、浮石及局部突出岩体,使坡面尽可能平整。坡面清理可采取人力与机械相结合的措施,施工时自上而下削离。对人力和机械无法清除的危岩体可以采用静态爆破或小药量爆破,结合预裂爆破或光面爆破技术,避免超爆。

清方工程主要对坡面上的浮石、浮土以及采场底盘的碎石堆进行清除,可采用人工与机械相结合的方式。

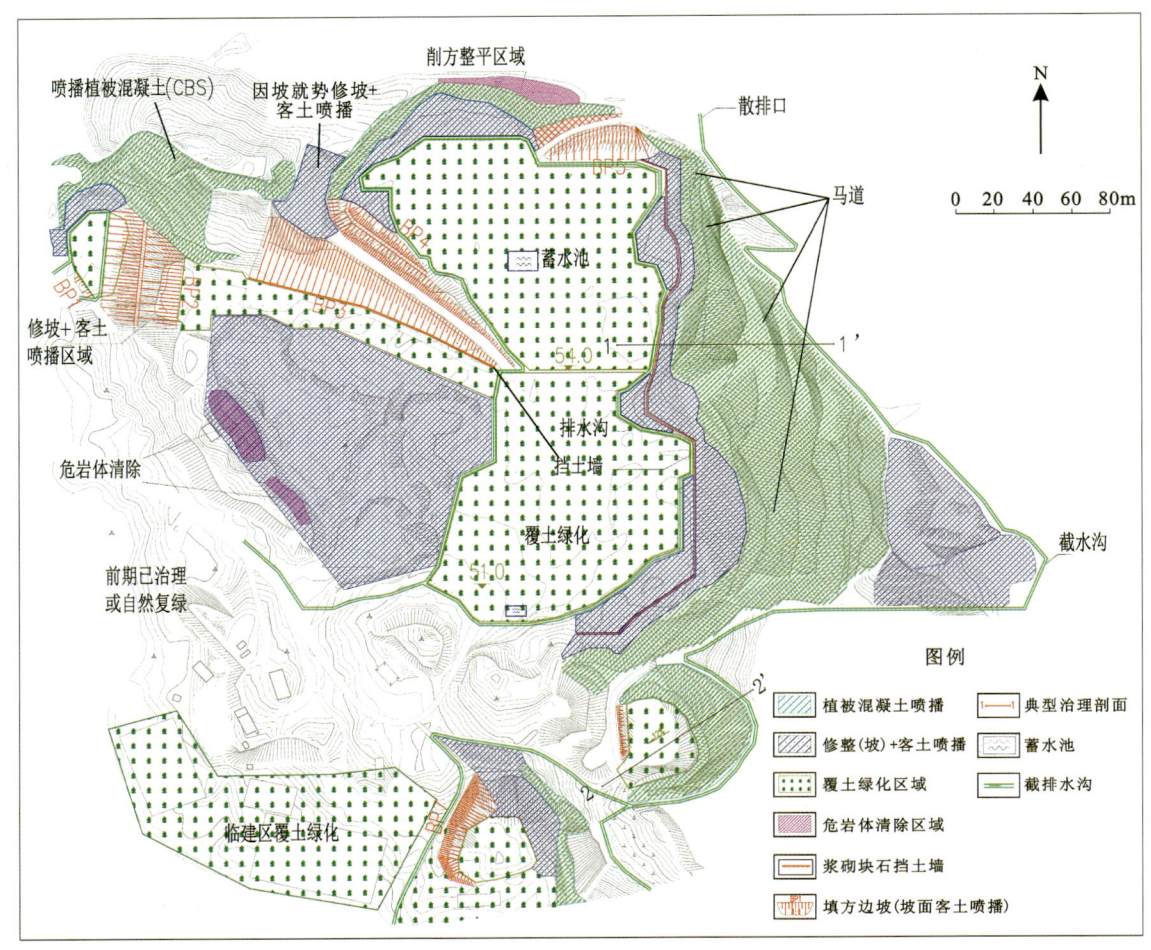

图 5-15 武穴市烈马山矿区治理工程平面布置图

### 5.3.4.2 植被混凝土生态护坡

植被混凝土生态护坡技术的基材是一种护坡新型植物生长基材,由砂壤土、水泥、有机质、植被混凝土基材添加剂、混合植绿物种等组成。植被混凝土生态护坡技术就是采用特定的植被混凝土基材配方和种子配方,对坡度大于45°的各种高陡边坡以及受水流冲刷较为严重的坡体进行生态防护的新技术。植被混凝土生态护坡技术与客土喷播和挂网喷播技术的区别在于使用水泥作为基材黏结剂,因而植被混凝土基材除了是良好的植物生长基材外,根据水泥用量的不同,还具有一定的强度和良好的抗冲刷能力。

### 5.3.4.3 客土喷播绿化

客土喷播绿化是指使用特定设备,将种子、客土、保水材料、稳定剂等按一定的比例混合后,通过高压设备喷射到经加固处理的边坡表面的一种喷播强制绿化种植技术,其生长的绿草和灌木能够在岩石边坡等难以绿化地段实现快速绿化。客土喷施工是将上述材料按科学的配方(表 5-6)充分混合,再通过压缩空气将材料喷射到岩石边坡上形成一定的厚度且具有连续空隙的硬化体技术。种子可以在空隙中生根、发芽、生长,而一定程度的硬化又可防止雨水冲刷,从而达到恢复植被、改善景观、保护环境的目的。该技术主要应用于坡度在 25°~45°之间的岩土质边坡和土夹石边坡。

## 5 工程实例

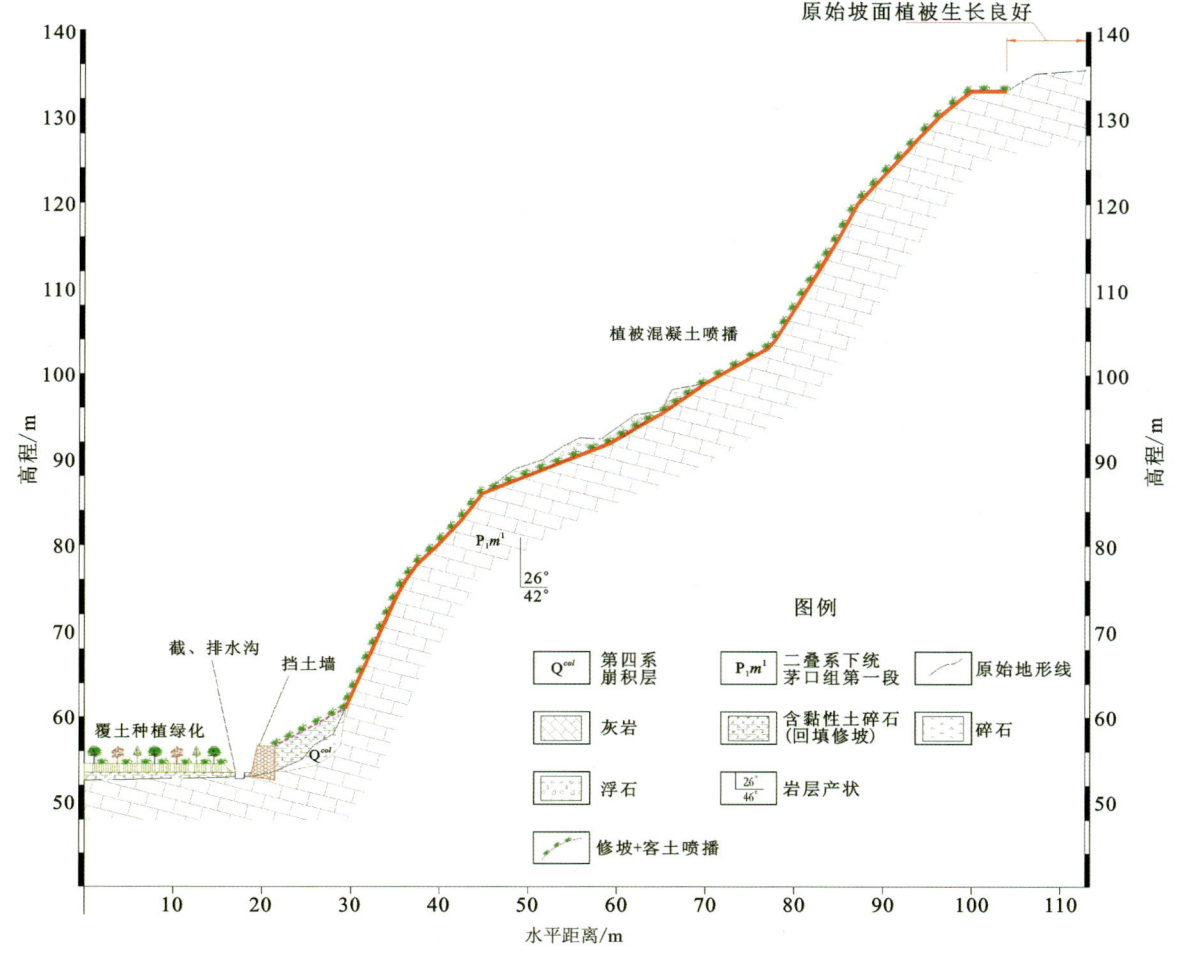

图 5-16 武穴市烈马山矿区治理工程剖面图 1—1'

表 5-6 客土喷播基材建议用量

| 编号 | 基材名称 | 每立方米用量 |
|---|---|---|
| 1 | 砂壤土 | 0.9m³ |
| 2 | 腐殖质 | 003～0.05m³ |
| 3 | 植物纤维 | 0.03～0.05m³ |
| 4 | 保水剂 | 0.3～0.8kg |
| 5 | 黏合剂 | 30～60g |
| 6 | 长效肥 | 6～10kg |
| 7 | 菌肥 | 0～2g |
| 8 | 团粒剂 | 0～3kg |

注：基材配制时应根据边坡坡度、坡面岩性和当地气候等确定具体用量。

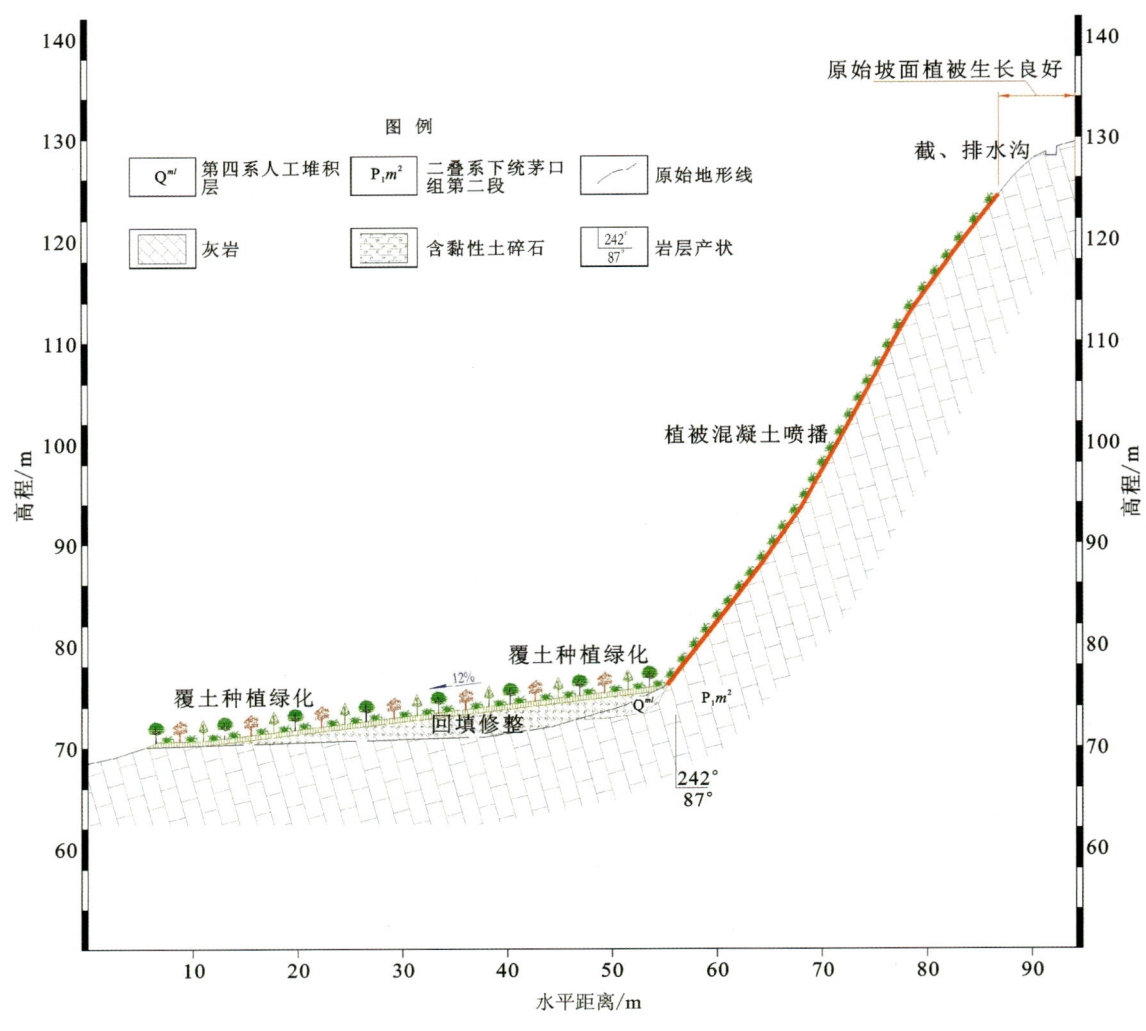

图 5-17　武穴市烈马山矿区治理工程剖面图 2—2'

#### 5.3.4.4　场地平整与覆土绿化

据现场实际地形,对矿区底盘场地进行局部回填、削方平整,之后覆耕植土并栽植苗木、撒播草籽进行绿化。对烈马山西北侧矿区底盘和福利采石场南、北两个矿区底盘就地消化坡表清理的浮石、浮土和清除的危岩体,场地回填平整后覆耕植土并栽植苗木、撒播草籽进行绿化。对各区域清理浮石、浮土,清除危岩体及整平后多余土石方堆积至烈马山主矿区西侧采坑,然后对堆积体进行适当修坡处理之后,采用客土喷播绿化。对修整后的场地进行覆土绿化,覆土厚度 30cm(植树坑穴覆土厚度应适当加厚,不小于 60cm),对覆土后的场地喷播植物种子并栽植乔木。

#### 5.3.4.5　浆砌石挡土墙

为缓冲坡面落石使落石滚动至底盘区,就地消化坡脚堆积土体,使边坡绿化更有层次感,在矿区高度最高、规模最大的东侧及东南侧开采坡面下部坡脚处设置浆砌块石挡土墙。挡土墙高 1.5m,本地段地基土均为基岩,要求挡墙基础埋深不小于 0.3m,墙体及基础均采用 M10 的砂浆和 Mu30 块石(毛石)砌筑。

#### 5.3.4.6 飘台种植池绿化

对坡面坡度大于85°及局部存在反坡的区域,采用植被混凝土喷播进行绿化时效果不佳,该区域采用飘台种植池栽植藤本植物绿化。在坡度大于85°坡面底部及反坡区域底部设置现浇钢筋混凝土种植池,其内回填土壤并间隔0.3m栽种常春油麻藤与凌霄。

#### 5.3.4.7 截排水沟

根据现场地形,在底盘覆土绿化区域与坡脚缓坡客土喷播绿化区之间设置排水沟,部分坡顶按照因坡就势的原则设置截水沟,截排水沟均采用浆砌石结构。

### 5.3.5 生态修复效果

经过生态修复治理,矿区地质环境待以改善(图5-18、图5-19),地质环境问题得以消除,避免了突发性地质灾害的发生,周围居民的生命财产安全受威胁程度降低。因将矿山开采破坏、压占的土地恢复成林地、绿地以及建设用地,废弃矿区周围土地利用率也得以提高。矿山开采引起的地形地貌景观破坏在进行生态恢复后得以恢复,这不仅改善了生态环境,美化了治理区周围矿山环境,也提升了城市形象。此生态修复工程具有示范性效果(图5-20),可也解决同类矿山地质环境问题提供参考借鉴。

图 5-18　武穴市烈马山矿区治理前照片

图 5-19　武穴市烈马山矿区治理后照片

图 5-20　武穴市烈马山矿区治理效果图

## 5.4　本章小结

本章以 3 个鄂东北地区露天非金属矿山生态修复典型实例为研究对象，详细介绍了鄂东北地区露天非金属矿山的生态环境问题，及其对应的生态修复措施，修复工程均达到了预期目标，可为类似矿山生态修复治理提供参考和借鉴。

# 6 建议及展望

## 6.1 未来工作的建议

**1. 矿区地下水环境的监测、评价与修复**

露天矿山开采过程中形成采坑,尤其是深凹露天采场会在采场周围形成规模巨大的地下水降落漏斗,从而导致地下水位及渗流场发生变化(如形成地下水降落漏斗),导致含水层破坏,造成采场边坡失稳、周边地下水位下降,进而引发一系列生态环境问题。因此,有必要开展露天开采对地下水环境影响的评价、监测工作。当露天开采活动对周围地下水环境影响较大时,还需对地下水环境进行修复。

**2. 矿山生态修复效果评价及长期监测**

我国矿山生态修复工作已全面铺开且初见成效。然而,目前的工作重点主要集中在修复方案和修复技术等方面,而对于修复效果全面、客观、定量化的评价尚缺乏系统、成熟的理论指导,故有必要开展矿山生态修复效果评价方法的研究及实践。此外,生态修复效果是一个动态变化的过程,在修复工作完成后,其效果能否长期持续,是决定生态修复工作的关键。未来有必要开展生态修复效果的长期监测,以便及时掌握矿区生态环境状态,预测生态环境发展趋势,为管理部门制定应对方案提供依据和参考。自然资源部发布的国家标准《矿山土地复垦与生态修复监测评价技术规范》(GB/T 43935—2024)于2024年8月1日正式实施,标志着我国矿山生态修复监测评价工作进入规范化阶段。

**3. 露天非金属矿山生态修复关键技术的推广应用**

近10年来,笔者在鄂东北地区针对露天非金属矿山开展了系列生态修复探索与实践工作,针对该地区露天非金属矿山的修复难点提出了集"复绿植物选择+先锋植物繁育+种植基质配比+植物攀爬辅助措施"等于一体的生态修复关键技术,在此基础上归纳总结出"普适性技术+关键技术"的露天非金属矿山生态修复技术体系,并成功应用于10余座露天非金属矿山的生态修复,均取得了良好效果。然而,目前仅鄂东北地区有废弃和生产矿山900余座,上述技术体系有极大的市场需求,后期有必要将该技术体系在鄂东北乃至其他地区同类型露天非金属矿山中进行推广应用。

**4. 无人机倾斜摄影测量等技术在矿山生态修复中的应用**

无人机凭借灵活便捷、操作简单、航片精度高、成本低、时效性好等显著优势,在自然资源、生态环境、地质灾害等领域得到广泛应用。尤其是基于无人机的倾斜摄影测量技术可以获得高精度地形图及三维实景模型以及DOM(数字正射影像图)、DSM(数字表面模型)等,可为矿山生态环境调查、矿山生态修复规划设计方案拟定,以及后期施工、评估及监测等提供数据基础。还可以进行矿山生态修复效果的三维图可视化展示。无人机倾斜摄影测量技术不仅可以提高测量的效率与精度,丰富成果的表达形式,还可以在矿山生态修复工程数字化、信息化、智能化中起到基础和桥梁的作用,随着续航和解译技术的不断突破,该技术必将发挥越来越重要的作用。

## 6.2 发展方向与趋势展望

**1. 关注矿山开采全寿命周期的生态修复**

露天矿山开采必然导致生态环境破坏和恶化,生态修复是恢复生态系统、改善环境的重要措施,可以达到资源开发和生态环境保护双赢、实现可持续发展的效果。早期对生态环境的修复形式为"复垦",虽取得了一定成效,但大多是"先破坏、后复垦",随着"源头控制""过程管理""防治结合"等环保理念的提出,矿山生态修复的理念也在随之转变,在此背景下,边采边复即开采与复垦(修复)同步进行的新理念和技术应运而生。目前,露天矿山边采边复的理论与技术方法体系已逐步完善和成熟,且在诸多工程实践中得到应用,并取得良好效果。自然资源部发布的国家标准《矿山土地复垦与生态修复监测评价技术规范》(GB/T 43935—2024)对生产矿山"边开采、边修复"提出了具体要求,将为矿山开采全寿命周期的生态修复提供支撑和依据。

**2. 矿山生态修复融入矿山综合治理及区域资源开发利用**

传统的矿山生态修复主要关注地质灾害消除、生态系统功能恢复和土地利用结构优化,以最小的代价实现矿区土地复垦和生态修复,因地制宜将其复垦为耕地、林地、园地和草地。生态修复后的矿山废弃地有诸多潜在的二次利用价值,如果进行适当开发和利用,则有望使废弃矿山再次焕发生机,甚至带动当地经济的二次发展。目前已有的露天矿山再利用模式有:建设矿山公园发展旅游业,如铜锣山国家矿山公园、黄石国家矿山公园等;构建"生态修复+光伏能源+农牧结合"的绿色低碳循环产业模式,助力乡村振兴,响应"双碳"目标。此外,也有生态修复+生态农业(生态旅游/文化旅游等)、生态修复+矿山抽蓄的模式。鄂东北地区拥有丰富的生态旅游、红色旅游资源以及水力资源,生态修复后的露天矿山废弃地经进一步合理开发利用有望成为上述资源的有力补充。

**3. "3S"及人工智能、物联网、5G、无人机等技术的应用**

近年来,地理信息技术("3S"技术——GIS、BDS、RS)不断发展,推动了矿山生态修复相关技术的进步。其中,基于GIS的空间分析技术与卫星定位技术、遥感技术相结合,可以开展矿区生态环境、土地利用、植被和水平衡、动物空间分布格局等调查,对生态环境变化作出直观、客观评价,为生态环境综合治理提供基础信息和科学依据,也可用于水环境质量、土壤环境质量、空气质量、生物多样性等要素的监测。特别是人工智能、物联网、互联网、5G、无人机等技术的兴起,使矿山生态调查、评价及监测朝着智能化、信息化、网络化方向发展,如基于人工智能算法的遥感调查成果快速解译、基于5G及物联网技术的调查监测数据采集与传输、基于无人机遥感的高精度遥感数据获取以及矿山生态修复数据平台(信息管理系统)等。

**4. 生态修复效果的全过程、全方位、全要素监测与评价**

对矿山生态修复效果的监测与评价涉及阶段、角度、对象等多个维度。在阶段上,采取"边开采、边修复"的模式,即强调开展矿山开采全寿命周期生态修复效果监测与评价;在角度上,探索"空—天—地"

# 6 建议及展望

一体化监测技术,即采用卫星遥感、无人机遥感、地面监测仪器、地下监测仪器等,从多个角度对矿山生态修复效果进行全方位监测和评价;在对象上,针对地下水、土壤环境、植被覆盖、水土流失、空气质量等要素开展监测与评价,覆盖矿山生态环境各个方面。全过程、全方位、全要素的效果监测与评价是对当前矿山生态修复工作的必要补充,也将会成为未来矿山生态修复的必然趋势。

# 主要参考文献

陈永春,2018.淮南大通煤矿资源枯竭矿区生态修复技术研究[D].合肥:安徽大学.

郭党生,2021.京北地区露天矿山生态修复技术探讨[J].中国非金属矿工业导刊,40(3):59-61+73.

李季,2023.桥山富平段废弃矿山地质环境问题及生态修复技术研究[D].西安:西安工业大学.

刘敏,2014.山地废弃采石场生态恢复治理与再利用规划模式探索:以《重庆四山地区关闭采石场再利用规划》为例[J].中国园林,30(12):117-120.

刘瑞成,张赫然,张耀,等,2022.卓尼县某小型采石场地质环境治理及生态修复实践[J].现代矿业,38(1):227-231.

刘训良,侯秋丽,2022.北京密云某废弃石灰岩矿山生态修复措施[J].城市地质,17(3):331-339.

刘哲,陈娟浓,2021.灵山矿区露天矿山地质环境治理方案[J].现代矿业,37(12):249-251+260.

罗慧,2022.废弃露天矿山生态修复与自动养护系统研究[D].武汉:武汉工程大学.

王立苍,保俊春,2021.麒麟区废弃采石场的生态修复[J].防护林科技,44(3):50-52.

吴文忠,姜平,刘玉波,2023.废弃花岗岩矿山生态修复治理研究[J].环境生态学,5(1):78-81.

夏南,薛桂澄,傅杨荣,等,2014.三亚市废弃花岗岩矿山地质环境问题及治理[J].资源环境与工程,28(3):322-325.

张朝,杨涛,沈铭,等,2022.某废弃露天采石场生态修复方案研究[J].资源环境与工程,36(4):440-446.

张品楠,2024.基于宿州某石料厂露天废弃矿山生态修复提升实践[J].云南地质,43(1):128-133.

朱宏军,张雁,孙浩,等,2022.元宝山露天煤矿帷幕截水技术研究[J].煤炭工程,54(9):64-69.

祝俊,2019.武穴市矿区边坡生态修复研究[D].武汉:湖北工业大学.

ADHIKARI T, DHARMARAJAN R, LAMB D, et al., 2022. Remediation of Frogmore mine spoiled soil with nano enhanced materials[J]. Soil and Sediment Contamination: An International Journal, 31(3):367-385.

AHIRWAL J, PANDEY V C, 2021. Restoration of mine degraded land for sustainable environmental development[J]. Restoration Ecology, 29(4):e13268.

ASMARA D H, ALLAIRE S, VAN NOORDWIJK M, et al., 2023. The effect of biochar amendment, microbiome inoculation, crop mixture and planting density on post-mining restoration[J]. Forests, 14(4):856.

BUTA M, BLAGA G, PAULETTE L, et al., 2019, Soil reclamation of abandoned mine lands by revegetation in Northwestern part of Transylvania: A 40-year retrospective study[J]. Sustainability, 11(12):3393.

CAMPOS W H, MARTINS S V, 2016. Natural regeneration stratum as an indicator of restoration in area of environmental compensation for mining limestone, municipality of Barroso, MG,

Brazil[J]. Revista Árvore(40):189-196.

CARABASSA V, ORTIZ O, ALCAñIZ J M, 2019. RESTOQUARRY: Indicators for self-evaluation of ecological restoration in open-pit mines[J]. Ecological indicators(102):437-445.

DIETRICH S T, MACKENZIE M D, BATTIGELLI J P, et al., 2017. Building a better soil for upland surface mine reclamation in northern Alberta: Admixing peat, subsoil, and peat biochar in a greenhouse study with aspen[J]. Canadian journal of soil science, 97(4):592-605.

EVANS D M, ZIPPER C E, BURGER J A, et al., 2013. Reforestation practice for enhancement of ecosystem services on a compacted surface mine: Path toward ecosystem recovery[J]. Ecological Engineering(51):16-23.

FERNANDES K, VAN DER HEYDE M, BUNCE M, et al., 2018. DNA metabarcoding: A new approach to fauna monitoring in mine site restoration[J]. Restoration Ecology, 26(6):1098-1107.

GASTAUER M, CALDEIRA C F, RAMOS S J, et al., 2020. Active rehabilitation of Amazonian sand mines converges soils, plant communities and environmental status to their predisturbance levels[J]. Land degradation & development, 31(5):607-618.

HALL S L, BARTON C D, SENA K L, et al., 2019. Reforesting Appalachian surface mines from seed: A five-year black walnut pilot study[J]. Forests, 10(7):573.

HARRIES K L, WOINARSKI J, RUMPFF L, et al., 2024. Characteristics and gaps in the assessment of progress in mine restoration: Insights from five decades of published literature relating to native ecosystem restoration after mining[J]. Restoration Ecology, 32(1):e14016.

JOSA R, JORBA M, VALLEJO V R, 2012. Opencast mine restoration in a Mediterranean semi-arid environment: Failure of some common practices[J]. Ecological Engineering, 42:183-191.

LEE S H, PARK H, KIM J G, 2023. Current status of and challenges for phytoremediation as a sustainable environmental management plan for abandoned mine areas in Korea[J]. Sustainability, 15(3):2761.

LEVI N, HILLEL N, ZAADY E, et al., 2021. Soil quality index for assessing phosphate mining restoration in a hyperarid environment[J]. Ecological Indicators(125):107571.

LIM B S, KIM A R, SEOL J, et al., 2022. Effects of soil amelioration and vegetation introduction on the restoration of abandoned coal mine spoils in South Korea[J]. Forests, 13(3):483.

MADJOUB N, DURNEY C, SPORTES A, et al., 2023. Arbuscular mycorrhizal fungi participate to the restoration of a gypsum mining site in western Algeria[J]. Symbiosis, 90(2):183-192.

NGUGI M R, NELDNER V J, KUSY B, 2015. Using forest growth trajectory modelling to complement biocondition assessment of mine vegetation rehabilitation[J]. Ecological management & restoration, 16(1):78-82.

PELAEZ-SANCHEZ S, SCHMIDT O, FROUZ J, et al., 2024. Effects of earthworms on microbial community structure, functionality and soil properties in soil cover treatments for mine tailings rehabilitation[J]. European Journal of Soil Biology, 120:103603.

ROHRER Z, REBOLLO S, ANDIVIA E, et al., 2020. Bird services applicable to mine restoration: A case study of sand martin (Riparia riparia) burrow construction[J]. Journal of ornithology, 161(1):243-255.

SALAZAR M, BOSCH-SERRA, ESTUDILLOS G, et al., 2009. Rehabilitation of semi-arid coal mine spoil bank soils with mine residues and farm organic by-products[J]. Arid Land Research and

Management, 23(4):327-341.

SLUITER I R K, SCHWEITZER A, MAC NALLY R, 2016. Spinifex-mallee revegetation: Implications for restoration after mineral-sands mining in the Murray-Darling Basin[J]. Australian Journal of Botany, 64(6):547-554.

STYLIANOU M, GAVRIEL I, VOGIATZAKIS I N, et al., 2020. Native plants for the remediation of abandoned sulphide mines in Cyprus: A preliminary assessment[J]. Journal of Environmental Management(274):110531.

TRIPATHI N, SINGH R S, 2008. Ecological restoration of mined-out areas of dry tropical environment, India[J]. Environmental Monitoring and Assessment, 146(1):325-337.

VLACHODIMOS K, PAPATHEODOROU E M, DIAMANTOPOULOS J, et al., 2013. Assessment of Robinia pseudoacacia cultivations as a restoration strategy for reclaimed mine spoil heaps[J]. Environmental Monitoring and Assessment(185):6921-6932.

XIE L, VAN ZYL D, 2020. Distinguishing reclamation, revegetation and phytoremediation, and the importance of geochemical processes in the reclamation of sulfidic mine tailings: A review[J]. Chemosphere(252):126446.